高颜值宝宝育儿全攻略

李瑛 著

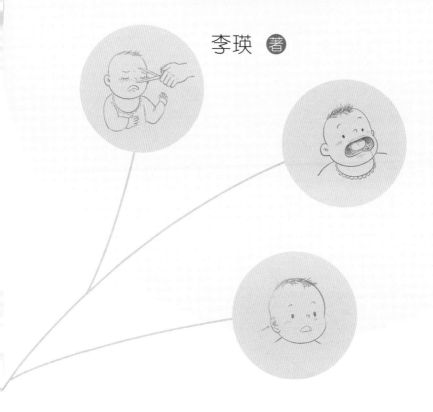

中国人口出版社
China Population Publishing House
全国百佳出版单位

图书在版编目（CIP）数据

高颜值宝宝育儿全攻略 / 李瑛著 . -- 北京：中国人口出版社，2023.3

ISBN 978-7-5101-8115-3

Ⅰ.①高… Ⅱ.①李… Ⅲ.①婴幼儿－哺育 Ⅳ.① TS976.31

中国版本图书馆 CIP 数据核字（2021）第 231621 号

高颜值宝宝育儿全攻略
GAOYANZHI BAOBAO YUER QUANGONGLUE

李瑛　著

责 任 编 辑	江　舒	
策 划 编 辑	江　舒	
装 帧 设 计	华兴嘉誉	
插 画 绘 制	李春霏	
责 任 印 制	林　鑫　王艳如	
出 版 发 行	中国人口出版社	
印　　　刷	天津中印联印务有限公司	
开　　　本	880 毫米 × 1230 毫米　1/32	
印　　　张	6	
字　　　数	130 千字	
版　　　次	2023 年 3 月第 1 版	
印　　　次	2023 年 3 月第 1 次印刷	
书　　　号	ISBN 978-7-5101-8115-3	
定　　　价	49.80 元	

电 子 信 箱	rkcbs@126.com
总编室电话	（010）83519392
发行部电话	（010）83510481
传　　　真	（010）83538190
地　　　址	北京市西城区广安门南街 80 号中加大厦
邮 政 编 码	100054

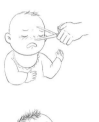

序言

离开健康谈颜值毫无意义：儿科医生教你养出高颜值宝宝

读者们好！我是李瑛医生，从事儿科临床工作数十年。我每天都会接诊很多宝宝，成功救治过出生体重只有几百克的早产儿，也帮助过很多发育迟缓、体弱多病的小宝宝。

在收获成就感的同时，我发现越来越多的家长开始重视孩子的早期发展，开始不约而同地关注一个问题：宝宝的颜值。

"宝宝头睡偏了，不好看，能不能纠正一下？""孩子的头发又稀又黄，长大了不会也这样吧？""儿子已经连续两个月身高没变化了，吃点儿什么能让他长得更高呢？"诸如此类的问题，不仅让新手爸妈无从下手，甚至让一些在育儿路上摸爬滚打多年的"老手"也十分焦虑。

我理解父母对孩子的期许，但并不赞成为追求"好看"而盲目采取一些手段，比如给孩子捏鼻梁、剪睫毛、戴手套、绑小腿等。这些做法不仅对提高孩子的颜值毫无益处，反而会带来巨大的健康隐患，甚至可能影响孩子的正常发育过程！每当看到一个个让人痛心的案例，我都在心疼孩子的同时，感叹家长们此类知识储备的不足。

高颜值宝宝的养成，要求从母亲的妊娠期就要开始重视孕期营养和规律产检，预防胎儿过大、发育迟缓以及出生缺陷；在婴幼儿期，应遵循科学原则，采取必要手段，避免影响孩子容貌与体态的异常情况出现，同时更不能忽视常见病的预防，如营养不良、反复感染、过敏性疾病、骨骼肌肉损伤等。

通过这本小书，我从一个儿科医生的角度，就如何保证孩子头面部轮廓以及牙齿与骨骼的正常发育，如何实现身高与体重的理想增长，以及如何养成美好身姿等方面，给出了详细的建议。

离开健康谈颜值毫无意义，只有身心健康的宝宝，才是真正的漂亮宝宝！祝天下父母，都能在孩子生命最初的 1000 天里，为孩子终身的健康与颜值打下坚实基础！

李瑛

2023 年 3 月

目录

第十六章

后 记

第一章

「基因」不能百分之百决定人的外貌与体型

不是故事，是真事

作为一名从事多年新生儿疾病诊治的医生，我在日常工作中也会接触到很多孕期的准妈妈，无论是孕检时找我咨询胎儿的一些特殊问题，还是新生命到来时遇到了一些突发状况，我都会竭尽全力地及时帮助解决。除此之外，每周我还会到医院的"妈妈课堂"为准爸妈们上课，讲解科学育儿的知识。

记得有一次下课了，在教室外，我被一对年轻夫妇拦下。小伙子先开口了："李主任，我有个特别'不好意思'的问题想请教您。我出生的时候脸上有很大一块黑色的胎记，据说非常难看，小时候父母都没给我拍过几张正脸的照片，后来经过多次治疗，到上小学前才彻底消除。尽管现在从外观上丝毫看不出问题，但是，就因为容貌的原因，小时候我一直不太愿意和小朋友一起玩，这对我成年后的社交能力也有一些影响。我非常担心这会遗传给孩子，您说胎记会遗传吗？"小伙子说完，准妈妈也是一脸担心地重复了同样的问题，"虽然给我做产检的医生说宝宝发育很好，但是我还是担心孩子生出来会特别难看！"我非常理解这对准爸妈的心情，马上安慰道："放心吧，绝大部分胎记是不会遗传的，再说，孩子健康是最重要的，我会在孩子出生后为他做一个详细的查体。你们现在应该放松心情，做好迎接宝宝的准备，因为分娩对妈妈和孩子都是一个严峻的考验，一定要集中精力，打好这一仗。"

我随后向他们解释，孩子的容貌发育是各种因素共同作用的结果，遗传仅仅是其中一个因素，妈妈孕期的营养、运动、疾病都会直接影响胎儿的发育，另外，出生后的营养保证、发育促进以及养育环境，都会对孩子的容貌产生影响。所以，三岁以前是关键期，即使是对没有被任何遗传因素影响的宝宝，如果不注意孕期保健、科学养育，发现了状况没有及时处理，也会出问题。谁敢保证，爸妈漂亮，孩子就一定会漂亮呢？听了我的解释，他俩都松了一口气。

两周后，宝宝出生了，是一个粉粉嫩嫩的小公主。我去病房给孩子进行了仔细的检查，孩子很健康、很漂亮，没有出现爸爸妈妈担心的问题，但临走时，我仍然不忘叮嘱他们："孩子出生后的养育对容貌的影响也很重要，营养、运动、环境、疾病，都是影响因素，千万不要忽视任何一个环节。"

大多数家长都认为孩子的容貌，主要是受遗传因素的影响，也就是爸爸妈妈长什么样，孩子就长什么样，一切顺其自然。但是，他们不知道，遗传因素固然重要，但很多后天因素也会对孩子的容貌产生重大的影响。

有一个"生命最初 1000 天"的概念。也就是说，从胚胎形成到孩子出生后满两岁，刚好是 1000 天左右的时间。在这段时间里，我们要帮孩子打造和奠定良好的身体、智力与心理基础。而容貌，也与上述因素密切相关的。离开了健康的身心谈容貌毫无意义。因此，均衡的营养、合理的发育训练、及时排查疾病以及家庭生活环境的影响，都会对孩子的容貌和体态起决定性作用。

生命最初 1000 天的第一个阶段

♡ 孕期

生命最初的 1000 天，从孕期开始。胎儿的体态和容貌，包括头面部轮廓、牙齿骨骼发育和身长体重等，都与妈妈孕期的心情、生活环境和营养有很大的关系。

在临床上，有一个理论是"成年期疾病有着胎儿起源"，而且相关的研究也越来越多。也就是说，一个人成年期出现的疾病问题，可以追溯到母亲怀孕时的一些因素影响，比如孕期营养、生活方式和心情状态，其中最常见的是一些代谢性疾病，例如高血压、糖尿病和血脂代谢异常等。

孕期胎儿发育不仅对其成年后的疾病有一定的影响，也更加直接地影响了婴幼儿期的发育，包括家长们非常关注的容貌、体型、步态、坐姿以及行为。

♡ 孕期营养

孕期母亲的营养状况是首要因素。我们经常讲到的饮食均衡，通俗地讲就是**既不能吃得太多导致营养过剩，也不能吃得太少引起营养不良**。营养过剩会造成母亲血糖增高，体重增长过快，极有可能使得胎儿体重过大。

出生时的巨大儿，即体重大于4000克的宝宝，不仅会使妈妈面临分娩损伤，出生后也会有低血糖和呼吸窘迫的风险，更大的问题是成年后肥胖和患哮喘、过敏、恶性肿瘤的概率也会大大增加。相反，营养不良会让妈妈出现贫血、钙缺乏、蛋白质能量不足，对孩子的影响是早产、低出生体重、营养不良性贫血、皮肤毛发发育脆弱、骨骼神经肌肉发育不良等。

因此，孕期妈妈们在均衡营养的基础上一定要注意优质蛋白质、铁、钙等营养素充分摄入，同时又要控制好每日食物的热量，并进行合理适量的运动，既要避免增重过快，又要避免营养不良。

♡ 孕期心情

讲完孕期营养，我们来说第二个因素，孕期心情。大量研究证实，人在心情愉悦的时候，身体分泌多巴胺的量会增加，对维持机体健康，促进新陈代谢都有很大的益处。反之，如果是紧张不安、压抑焦虑等情绪占了上风，就会刺激机体分泌肾上腺素，致使免疫能力下降，心脏大脑等重要脏器因疲劳而受损。

怀孕时由于妊娠反应、对自己和对胎儿的诸多担心，会使准妈妈们的心理、生理发生变化，常常引发心理失衡，导致焦虑情绪出现。根据我国的研究报道，产前焦虑的发生率在11%～35%之间。

产前焦虑直接导致准妈妈的肾上腺素分泌增加，出现代谢性酸中毒，引起胎儿宫内缺氧，同时焦虑还会影响准妈妈的休息和营养支持，容易导致早产、流产，分娩时产程延长、新生儿窒息等并发症。国外研究还发现，孕期心理应激还可导致新生儿认知、情感发育迟缓，行为能力低下，对孩子远期的生长发育、心理健康等都可能产生很大的影响。

因此，孕期应该采取有效的措施，帮助妈妈减轻身体上的不适，缓解心理上的焦虑，家庭成员，特别是准爸爸应该多陪伴、多安慰。

♡ 孕期生活环境

除了营养因素和情绪因素，孕期的生活环境对胎儿的发育也会产生很大的影响。社会整体经济水平和卫生条件都相对落后的地区和国家，早产儿、低出生体重儿和出生缺陷的发生率也相对较高，婴幼儿期营养不良、发育落后、罹患疾病的比例也会大大增加。

2017年11月，世界卫生组织非洲区域办事处发布的一份营养报告显示，非洲区域的婴幼儿营养不良仍在持续，发育迟缓儿童的数量还在上升。在第二次世界大战期间，德国新生儿出生缺陷的发生比战前增加了5倍。另外，一些极端突发的自然灾难，对胎儿和新生儿的影响也是巨大的，例如，1995年神户大地震、1999年希腊地震后，新生儿出生缺陷率也都有明显增加。

因此，孕期妈妈的营养状况、心理情绪以及生活环境，会直接影响胎儿以及婴幼儿的发育，甚至对他们成年期的身心健康都会有很大的影响。

生命最初 1000 天的第二个阶段

▷ 0 ～ 24 月龄

生命最初 1000 天的第二个阶段是 0 ～ 24 月龄。与孕期相同，这个时期的营养、运动、家庭和生活环境以及疾病因素的影响，不仅与孩子的健康息息相关，也对其外貌特点、骨骼发育、行为举止等行为发育产生着不可逆的决定性影响。

▷ 营养基础

首先当然是营养基础。0 ～ 24 月是孩子一生发育的关键时期，这一时期良好的营养基础是根本。我国《婴幼儿喂养建议》明确指出："营养的基本要求是满足生长、避免营养素缺乏，儿童良好的营养状态有助于预防急、慢性疾病，有益于儿童体格生长、神经心理发育，恰当的营养和喂养方式不仅可以改善生命早期生长发育，并且对生命后期的健康（如预防肥胖、心血管疾病等）有重要意义。"除了《建议》中提到的"肥胖"，很多与营养相关的疾病，也直接导致了孩子容貌发育、体态发育，甚至语言认知和行为发育受到影响。例如，营养不良导致的贫血，常见原因为从食物中无法获得充足的铁元素，或肠道对铁元素的吸收出现了问题。发生贫血的孩子，不仅会出现面色发黄、口唇苍白、毛发枯黄易断，长期贫血还会造成智力水平落后。

在本章节中，我也给大家列出对孩子的发育起着重要作用的维生素和营养素，以及缺乏后容易出现的问题，同时也会告诉大家，有哪些含量丰富的食物可以选择，以供大家合理安排膳食。

♡ 合理运动

第二个就是必要的合理运动。想让孩子拥有一个健美的体态身姿、良好的行走步态、挺拔的站姿坐姿，一定是要从婴幼儿期的运动训练开始。最早从新生儿期开始，我们就应根据孩子的个体状态进行运动发育的训练，依次完成头竖立、俯卧抬头、翻身独坐、爬行站立、行走跑跳一系列大动作训练。

在此过程中，不仅孩子的骨骼肌肉得到训练，同时，由于完成任何一个动作都需要神经系统的参与，因此看似简单的一个动作，都会刺激孩子神经网络的建立和完善，对孩子成年后的体态步态、坐姿站姿都有决定性的作用。

当然，大动作训练需要根据孩子自身发育情况来进行，具体的操作细节，我会在本书后续的章节中详细介绍。

♡ 家庭和生活环境

第三个影响因素是家庭和生活环境。相信大家都知道，离开了健康的体魄、良好的性格，容貌的美丽毫无价值，这也是每个家长对孩子寄予的美好愿望。因此，在婴幼儿期就要奠定认知基础、行为基础和道德基础。

0～3岁，家庭成员的一举一动、言谈举止都会成为孩子模仿的对象，同时，愉悦的家庭氛围、融洽的成员关系，都会直接影响孩子的发育。试想，一个"站没站相，坐没坐相"的家长，如何要求自己的宝宝呢？一个整日笼罩着紧张气氛的家庭，孩子如何能轻松长大呢？因此，每一位家庭成员都要注意自己的言行，同时也要为孩子营造一个轻松快乐的家庭氛围。

♡ 疾病因素

在生命最初的1000天，有一些疾病会对孩子的面容、皮肤、毛发、骨骼、肌肉、运动、智力产生重大影响。

新生儿阶段，一个早产低体重儿不仅在早期会面临生存挑战，而且出生的第一年，因疾病而再住院率会高达80%，远期合并代谢性疾病、发育异常的概率也会增加；一个体重偏大的巨大儿不仅分娩的过程中容易出现头颅血肿、头颅变形，在成年期也很容易出现肥胖、代谢异常等问题；另外，有一些出生缺陷，特别是皮肤肢体和头颈面部的出生缺陷，不仅会影响美观，更可能危及健康。因此，我再次提醒各位准爸妈，孕期营养均衡、适当锻炼、规律产检、心情放松，是避免出现以上问题的必要手段。

宝宝从出生到2岁，可能发生的一些疾病，也会影响孩子的容貌体态发育。例如，我们后面会讲到的腺样体肥大形成的腺样体面容，就是一个典型的例子。由于反复呼吸道感染或者过敏导致的腺体肥大，会直接影响颌面部骨骼发育。一些营养性疾病更是如此，比如维生素D缺乏性佝偻病引起的颅骨宽大、O形腿和X形腿，贫血导致的面色苍白，锌缺乏症导致的矮小瘦弱、毛发枯黄等。而很多疾病，又会加重吸收障碍，加重营养不良，比如反复呼吸道感染、慢性腹泻、食物过敏等。当然，不当的养育方法带来的体态姿势异常，也不容忽视。因此，在婴幼儿期，更应注意膳食合理、营养均衡，以及合理的运动发育训练和科学的养育方法。

孩子的容貌体态固然会受到遗传因素影响，但更加重要的影响因素是孕期宫内发育、后天营养运动以及疾病的治疗和干预。只有做到全面的科学养育，才真正能实现父母对健康、快乐、高颜值宝宝的期望。

对容貌和体态有影响的营养素

维生素A富含于：动物肝脏、蛋黄、奶制品，黄色或橙色的水果蔬菜；

维生素A缺乏会引起：食欲减退，皮肤干燥，夜盲。

维生素D富含于：鱼肝油、维生素D补充剂；

维生素D缺乏会引起：佝偻病，O形腿，X形腿，肌肉疼痛，烦躁。

维生素C富含于：新鲜蔬菜水果（未经过度加工的）；

维生素C缺乏会引起：面色苍白，牙龈出血，出血性瘀斑，皮肤粗糙。

维生素 B1 富含于：粗粮谷物、动物肝脏、蛋黄、香蕉等水果；

维生素 B1 缺乏会引起：体重下降，食欲不振，口角炎舌炎，脂溢性皮炎，贫血。

铁富含于：红肉、动物肝脏、黑木耳；

铁缺乏会引起：面色发黄，口唇苍白，疲劳无活力，毛发枯黄易断。

锌富含于：肉类、动物肝脏、坚果、牡蛎；

锌缺乏会引起：食欲减退，生长缓慢，反复感染，皮疹，毛发枯黄，指甲薄脆。

钙富含于：奶制品、虾皮、大豆制品；

钙缺乏会引起：佝偻病，O 形腿，X 形腿，生长痛，关节痛。

第二章

捏鼻梁剃光头剪睫毛……
这些变美『妙招』可能会毁了宝宝

有一次在门诊，我接诊了一个刚刚满月的新生儿。就诊的原因是孩子近一周头部出现了很多皮疹，开始是米粒大的小疹子，后来越来越严重，已经发展到成片的红疹，同时孩子还有哭闹不安的表现，家里人赶快带来就诊。

经过询问得知，这是一个足月出生体重3400克的健康宝宝，就诊当天是出生后的35天，体重已经增长到了4500克，吃奶排便都很正常。整个新生儿期顺利渡过，孩子没有出现任何问题。一周前全家人聚在一起给孩子"办满月"，双方老人都觉得宝贝孙子的头发又黄又细，看着孩子爸妈每人一头浓密的秀发，不禁发愁，"如果孩子长大了头发还像这样怎么办？据说多剃几次光头会刺激头发生长！"于是，全家齐上阵，给孩子剃了一个光头。最后，爷爷还不放心地用剃须刀又"清理"了一遍。我在检查中发现，皮疹主要分布在头部，有小丘疹、水泡和破溃后结痂，有的地方已经出现了炎症渗出液。经过诊断，是由于皮肤薄嫩和过度刺激导致的反应性炎症，局部皮肤的痒痛，是造成宝宝哭闹不安的主要原因，需要外用药物治疗。同时我叮嘱家长，孩子头发的发育，主要受遗传因素、营养因素影响，不仅跟剃头毫无关系，在反复刺激的过程中，还可能损伤皮肤，破坏毛囊的自然生长，严重时引起炎症反应，反而会不利于毛发的发育。

类似的"妙招"还有很多，比如为了让小帅哥的鼻梁又高又挺，能不能捏一捏？为了让小公主的睫毛又浓又长，能不能剪一剪？为了让宝宝的小腿又顺又直，能不能绑一绑？为了不让孩子抓伤皮肤，能不能戴手套？

很多家长从孩子出生以后，就用尽各种的手段想让宝宝越长越漂亮。这个心情是可以理解的，然而，一些提升宝宝颜值的"妙招"是绝对不可取的，不仅没有效果，还隐藏着很大的危险，甚至危及孩子的身体健康。

以下做法都是错误的

♡ 捏鼻梁

很多家长都喜欢给宝宝捏鼻梁。一般的做法是这样的：趁着孩子熟睡、吃奶或玩玩具的时候，用手指捏住宝宝的鼻梁骨向上提拉

并从两侧挤压，认为经常这样做，会促进鼻梁骨的发育，让鼻梁长得又高又挺。其实这种做法是错误的。

这样做的危害主要有以下四个：

一是**局部皮肤刺激**。婴儿的皮肤特点是薄嫩脆弱，对外界不良刺激的抵抗能力和自身修复能力很差，这是很多皮肤问题好发于婴儿期的根本原因。提拉皮肤的过程，会破坏婴儿皮肤自身的屏障功能，延迟皮肤成熟，让周围环境中的细菌病毒可以直接入侵，导致皮炎、湿疹等问题出现。

二是**鼻骨损伤**。新生儿的鼻骨基本上没有发育，这也就造成了小婴儿的鼻梁看上去都是塌塌的。鼻骨的发育是一个缓慢的过程，宝宝一岁以后，鼻骨才开始快速生长，在此之前，鼻骨非常短小柔软，如果在捏拉的过程中掌握不好力度，会造成鼻骨的损伤导致鼻腔狭窄。

三是鼻黏膜水肿。婴儿的鼻道狭窄，鼻黏膜脆弱，黏膜下血管丰富且表浅，稍有刺激就会引起黏膜充血水肿。挤压鼻骨的同时，鼻腔黏膜同样会受到刺激，引起充血水肿，分泌物增多，会使婴儿本身就狭窄的鼻道，因黏膜水肿和分泌物堵塞而变得更窄，极易引起呼吸不畅甚至张口呼吸，孩子会出现吃奶不顺、烦躁哭闹、睡眠不安等情况，不利于健康发育。

四是情绪影响。因为家长们会利用婴儿睡眠、吃奶和玩玩具的时候进行捏鼻梁的操作，这个行为，会干扰婴儿的睡眠和吃奶，令其睡眠惊醒，吸吮吞咽和呼吸不协调容易导致呛奶，同样也会让专心玩玩具的宝宝专注力受到破坏，对其身心发育都会有影响。

♡ 剃光头、剃眉毛

很多家长会认为剃光头会刺激头发的生长，剃眉毛也会让眉毛长得更浓密。而且小婴儿也没有性别意识，不如趁着他（她）还小，多剃几次，长大了头发和眉毛都会很好看。

这样做的危害主要有以下三个：

一是损伤皮肤。皮肤是宝宝的第一道身体屏障，起到了隔离病原、调节体温、保护皮下重要组织的作用。因此我们在日常养育过程中，重点应做到及时清洁皮肤，充分保持干燥，减少各种不良刺激。反复贴紧皮肤的刮剃，不仅会造成过度刺激，皮肤越来越薄嫩，出现湿疹皮炎等问题，严重时还会造成皮肤破损，让病原体入侵，增加感染的风险。

二是损伤毛囊。头发和眉毛的生长离不开毛囊的发育，婴儿期

毛囊比较稀疏，其中生长的毛发也很脆弱表浅，因此会有看上去可能又细又少，还很容易脱落，这是正常现象。家长在剃头发、剃眉毛的过程中，如果紧贴皮肤操作，极易损伤新生成的毛囊，破坏后的毛囊在短时间内又无法再生，这也就是为什么很多家长会发现，给宝宝剃一次头发，怎么反倒不长。

三是破坏毛发的保护作用。除了影响面容外观，头发还有很重要的生理作用，就是帮助婴儿散热调节体温和防晒。与成人相比，婴幼儿头部与身体的比例较大。我们经常会发现，一旦环境温度增高，婴儿的头部会大量出汗，而身体其他部位是干爽的。这是因为婴儿身体的汗腺较少，且大部分集中在头部，汗液蒸发过程中会有效降低体温，起到散热的作用，反之，当环境温度较低时，头发又起到了保暖的作用，特别是在夏天紫外线强度很强的户外，头发保护着皮肤不被晒伤。

所以专业儿科医生的建议是，不要给孩子剃光头，如果头发过长需要修剪，也应保留 0.5 ～ 1 厘米长度的头发。

♡ 剪睫毛

尽管剪睫毛的危险是显而易见的，但是我仍然发现有的家长还是忍不住要去做。我们且不谈是否有用，单讲在操作过程中很难控制手部精准操作而可能带来的皮肤划伤、眼球划伤，后果是非常可怕的。

除了动作极端危险之外，剪睫毛的危害还有以下两个：

一是**引发感染**。婴儿眼睑脂肪较厚，眼裂又小，因此眼睑内翻，眼睑上生长的睫毛也会时常接触到眼球，但婴儿的睫毛柔软纤细，即使随着眼泪在眼球上划来划去，也不会有影响，但睫毛剪短后，尖端就会对眼球产生刺激，造成眼睛发红发痒，分泌物增多，引发感染。

二是倒睫。倒睫是婴幼儿期常见的一种生理现象，部分宝宝会存在睫毛内翻的现象。剪睫毛会增加倒睫的风险，剪短的睫毛相对较粗，宝宝的眼睑内翻使短粗的睫毛也同样内翻，形成倒睫，引起反复炎症，对宝宝的视力发育也会有影响。

♡ 捆绑腿

这是一个常见的错误做法。因为婴儿骨骼肌肉发育的特点，小腿看上去总是弯弯的，特别是刚刚开始学走路的孩子，协调平衡能力不足，走起路来就更加明显。很多家长都会担心，生怕长成罗圈腿，就会在小宝宝睡着的时候，用一个宽大的布条，把双腿并拢捆绑成直直的样子。

首先，骨骼肌肉的发育，营养是基础，合理的运动训练是关键，另外，还应避免不良姿势的影响。这种外力加压式的干预，不仅无

效，还会有危害。

捆绑腿常见的危害有以下三个：

一是**影响局部血液循环**。新生儿出生后，我们会发现小宝宝的腿都是弯弯的，这是由于胎儿在子宫内持续保持着屈曲蜷缩状态，出生后很长时间也会延续这样的姿势；另一个原因是婴儿的头部较大，上半身较长，使得下肢看上去显得又短又粗，我们经常把这种现象形容为"蛙形腿"。其实这是一种很正常的生理现象，随着孩子长大练习行走后会逐渐改善，只要在此过程中注意营养和运动发育就可以了。从绑腿的操作方法中可以看出，想达到让宝宝双腿直挺挺地完全并拢，必须有一定的捆绑力度。捆绑的过程会使局部皮肤受压，影响血液循环，导致下肢皮肤发凉，还有形成局部刺激性炎症的危险。

二是**干扰睡眠和休息**。为了减少抵触，捆绑腿的操作都是在孩子睡眠中进行的。我们都知道优质充足的睡眠对孩子身心发育的重要性，而舒适的体位又是睡眠中必不可少的。出生后很长时间，甚至到成年后，我们都喜欢在睡眠时采取侧卧蜷缩的体位，还会有翻身伸腿等动作，其实是还原宫内姿势，更舒适更有安全感，而绑腿后会限制孩子采用自己最舒适的体位，导致睡眠不安和夜间惊醒。

三是**影响运动和关节发育**。在初生的一年时间内，宝宝要完成从抬头到翻身，从独坐到爬行，从扶站到直立行走，在此过程中我们要根据月龄采用不同的方法训练其大运动的发育，其中下肢的发育是非常关键的，同时在训练发育的过程中，神经系统会得到良好的刺激，对智力的全面发育也起到了促进作用。但是，我会看到一些家长担心宝宝腿弯就整天把孩子的双腿直直地困在褓襁中，这样的做法，严重影响了婴儿腿部的运动，从而干扰运动发育。除此之外，捆绑双腿还不利于髋关节发育。胎儿在子宫内蜷缩的姿势使得髋关节活动受限，出生后随着下肢的自主运动，髋关节才逐渐达到适宜的角度，如果过度限制下肢活动，髋关节及其周围的韧带长时间得不到锻炼，由此会导致直立行走时步态异常，我们常常形容这种步态为"鸭步"。

♡ 挤乳头

这是一个针对新生儿常见的错误做法，尤其是对女宝宝，家长总觉得不挤一挤的话会妨碍孩子成年后乳腺的发育，不仅担心不好看，还担心她当了妈妈以后哺乳不顺利。

乳腺的发育不仅受激素水平影响，还和遗传、营养、运动等因素有关，母乳喂养是否顺利，更是与母亲孕期状态，宝宝出生后是

否合理开奶以及休息和心情有关。因此，给新生儿期的女宝宝挤乳头是很荒谬的做法。

给新生儿挤乳头会带来以下两个危害：

一是**增加新生儿的不安全感**。宝宝出生后，从子宫内环境到了一个完全陌生的不同环境，外界的各种刺激会让他感到非常紧张，没有安全感。此时爸爸妈妈应做的是多安抚、多安慰、多陪伴，使其尽快适应子宫外的环境，如果错误地给宝宝增加刺激，增加他的恐惧和不适，不仅不利于新生儿期的平稳过渡，还会给其心理造成不良刺激。

二是**诱发新生儿乳腺炎**。新生儿期宝宝体内残留一定量的泌乳素，来源于孕晚期母亲的激素水平，乳腺组织本身就会有轻度肿大，但不需要特殊处理，如果此时受到外力的挤压，就会引起充血，甚至导致炎症出现。如果挤压后宝宝的乳腺局部出现红肿，皮肤发烫，摸上去孩子会因疼痛而哭闹，就提示并发了新生儿乳腺炎，需要及时就医诊治。

♡ 戴手套

我经常会看到来就诊的宝宝戴着手套，问到原因，都是因为家长担心小婴儿在手舞足蹈中会抓伤自己，有的时候伤口还很深。"伤在其他部位还可以，可是经常抓伤自己的脸，还留下一道道的伤痕，留疤多难看啊！"这是爸爸妈妈经常跟我抱怨的。

其实这个担心大可不必，因为孩子的皮肤新陈代谢非常旺盛，轻度的表皮损伤后遗留的疤痕，完全可以随着发育逐渐得到修复。当然，日常应注意检查宝宝的指甲，过长过尖应及时修剪，而不是

用戴手套的方式来避免抓伤。在皮肤破损后，应保持局部的洁净干燥，预防感染，以免加重皮肤破损而遗留永久性瘢痕。

日常戴手套给孩子带来的危害是很大的，其中常见的有以下两个：

一是**组织局部坏死**。这是危险性最大的。医学上有一个现象名为"头发止血带综合征"，意思是由于头发或其他织物的长纤维长时间缠绕住小婴儿的手指或脚趾，就像一个止血带一样，导致局部缺血坏死，严重时有截肢的可能。这绝对不是危言耸听。曾经有一位长发妈妈，给宝宝整天戴着手套，自己的头发钻到手套里面，缠绕住了孩子的手指，这期间孩子有阵发哭闹，家里人都没太在意，等到晚上脱掉手套时才发现，宝宝中指的末端关节已经肿胀黑紫，送到小儿外科，被告知关节缺血时间太长，不得不截肢。

二是**影响婴儿手部精细动作的发育**。精细动作是指手和前臂的小肌肉群以及骨骼的灵活运动。手眼协调能力，用勺子吃饭、扣纽

李主任开小灶

除了戴手套，我还发现有些家长喜欢给孩子佩戴一些小饰物，比如玉佩、手镯、脚镯等，同样也存在上述隐患。

因为小婴儿对疼痛的反应会被家长误认为是一般的哭闹，不容易联想到手脚趾受伤，因此我建议一岁以内的婴儿尽量不要佩戴饰品，如确为必要，应尽量选择材质柔软的，系带也避免过细，且不要长时间佩戴，同时，看护人应随时查看局部皮肤有无异常。

当宝宝出现哭闹时，排查原因时应注意检查佩戴的饰物以及手脚等部位。

扣、写写画画，几乎每一项都离不开高级的手部精细运动技能，同时精细动作也是评估孩子智力发育水平的一个重要指标。和大动作发育一样，出生后的一年内，宝宝精细动作的发育进程也是飞快的，从被动抓握到主动抓握，从伸手够到手指捏，都需要家长在日常利用各种机会进行训练，而且手指与周围环境的接触和触摸，也促进了宝宝的感官发育和认知发育。如果整天给孩子带着手套，不仅会导致精细运动发育落后，影响智力发育，还让孩子失去了探索未知世界的机会。

以上错误做法是我在日常门诊时经常可以见到的，其中也有极端危险的案例，希望各位家长引以为戒，不要让这些既无效又危险的做法危及孩子的健康，影响孩子的发育。

第三章

气质长在后脑勺，漂亮头型的打造秘诀

我查房和出门诊的时候，经常会被家长问道："孩子头型不好看，能不能用定型枕，睡出一个好看的头型呢？"有一次，一个孩子的姥姥拿着枕头问我："李主任，我看宝宝的后脑勺突出得非常厉害，我担心他长大了有一个突出的后脑勺不好看。这是我做的枕头，里面装的是蚕沙，我想让他平躺枕在上面，把头睡得扁平一点儿，您看能用吗？"

我先对孩子进行了体格检查，这是一个足月自然分娩的男宝宝，出生体重3800克，相对于妈妈的体型而言是一个体重偏大的孩子，头颅由于在宫内和分娩时的挤压，外观呈顶骨尖耸，枕骨后凸的样子。

新生儿现在受挤压的头颅外观形状，会随着发育得到缓解，凸出的部分会逐渐回缩，但影响颅骨发育的因素主要是营养和遗传，也就是说，宝宝最终头颅的外观形状是受遗传因素影响的。虽然如此，在发育过程中，还是要注意营养保证，避免出现颅骨软化，囟门闭合延迟等问题影响外观。我对家长说："如果宝宝营养好，发育好，固定睡姿并不会让头颅的外观有所改变。而且，让孩子不能自由地转动头颈、改变体位，会严重干扰宝宝睡眠，不仅对头型的改变毫无意义，还有可能影响孩子的健康发育。"

家长们对于孩子的头型是否好看的关注是普遍存在的。从健康发育的角度来讲，一个外观异常的头型，可能是一些中枢神经系统疾病或全身性疾病的信号，是必须引起高度重视的，而完美的头型必须以健康为基础。科学的养育才能让宝宝既健康又漂亮。

下面，我将分两部分来谈一谈如何帮助孩子打造健康又有气质的头型。

常见的颅骨发育问题

常见的颅骨发育问题有先锋头、产瘤（头颅水肿）、头颅血肿、小头、大头、颅骨软化和方颅。

♡ 先锋头

先锋头，顾名思义，就是头颅外观表现为顶部尖耸向上，主要见于新生儿早期。由于胎儿在宫内颅骨骨化不良，顶骨、颞骨、枕

骨交界处软骨较多，颅缝可因挤压而重叠，因此，在分娩过程中，一旦经产道挤压过度，就会导致出生后新生儿的头颅外观变形，出现先锋头。

先锋头一般会在新生儿后期到三个月内逐渐恢复，不需要特殊手段干预，也不会对孩子的健康产生影响。

♡ 产瘤（头颅水肿）

产瘤（头颅水肿）表现为一些新生儿在出生后头顶一侧或双侧出现较大且柔软的肿物，摸上去软软的，孩子也没有不舒服的表现。这是由颅骨和皮肤间大量的渗出液形成的水肿。产生原因主要是在分娩时宝宝的颅骨和母亲产道长时间的挤压碰撞摩擦，导致组织液大量渗出，形成水肿，如果在此过程中有血管破裂出血，就会形成血肿。

一般产瘤巨大的新生儿多为体重偏大的巨大儿，也会常常合并分娩困难，有缺氧和神经系统损伤的风险。对于没有发生出血的单纯头颅水肿，一般不需要干预，会自然消退，但在此过程中，应注意保护水肿局部的头颅皮肤，避免出现破溃感染。

♡ 头颅血肿

头颅血肿产生的原因，基本上和头颅水肿类似，但挤压碰撞的程度要更严重一些，造成头皮下的血管出血，形成血肿。头颅血肿可以为单发，也可以是头颅双侧都有。

发现头颅血肿后一般建议在新生儿早期预防性应用止血药，以免出血加重。头颅血肿的吸收相对较慢，要经过数月，部分血肿机化后的硬结可能终生存在。

头颅血肿的存在除了影响美观，还需要注意有无颅内出血。颅内出血是脑损伤的常见原因，严重时会遗留神经系统后遗症。

♡ 小头

我们将头围测量值小于同年（月）龄同性别婴儿数值的三个标准差，定义为小头。这里说的小头，是存在疾病原因导致的头围严重落后，而不是所有看上去头围偏小的孩子都有问题。

头围落后，常见病理问题有两个：一个是小头畸形，这是一种出生缺陷；另一个是颅缝和囟门过早闭合引起的发育异常。

小头畸形发生的常见原因是怀孕早期妈妈病毒感染，如风疹病毒感染，出生后新生儿不仅表现为头围窄小，还会重度黄疸、听力

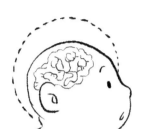
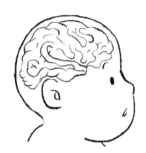

损伤以及逐渐出现的运动智力发育异常。

另一个造成头围发育落后的原因是颅缝和囟门过早闭合，头围不再增长。这种头围不长，一部分是颅脑内部结构异常或脑损伤造成脑萎缩，脑容量不再增加造成的；还有一部分则是由于某些药物，如过量补充维生素D，引起颅缝和囟门过早闭合，以至于头围增长明显落后于体重身高的增长。这类孩子，要及时进行检查。

♡ 大头

大头指头围过大或短时间内快速增大，远远超出了身高体重的增长。由于受到遗传因素和生长规律的影响，婴幼儿常常表现为"大头"，即头围偏大。

如果孩子的表现一切正常，单纯的头围偏大，无须干预，但是如果在短时间内迅速增大，或同时伴随眼球固定在下方不能转动、肢体运动异常、哭声尖直等，就应警惕脑积水的存在。脑积水产生的原因常见为脑室内出血，出血机化后经导水管流出的脑脊液堵塞，脑室内不断增量的脑脊液不但导致头围增加，还会严重压迫周围脑组织，

影响脑组织发育，出现一系列的神经系统症状和智力发育落后。

♡ 颅骨软化

颅骨软化表现为颅骨的某一部分骨化不良，质地偏软，按上去会有捏乒乓球一样的感觉。造成颅骨软化的原因是钙的摄入不足或吸收利用障碍，分为先天和后天的，可以表现为新生儿出生后即有颅骨软化，也可以出现在婴幼儿期发育过程中颅骨骨化不良。

新生儿先天颅骨软化的原因主要是母亲孕期，妊娠孕吐剧烈导致的严重营养不良，或含钙食物摄入不足引起的钙元素缺乏，长期缺乏运动和户外紫外线照射也会造成钙元素的吸收利用障碍，不仅母亲孕期会出现腓肠肌痉挛（睡眠中小腿抽筋），同时也会影响胎儿颅骨的骨化，导致新生儿颅骨软化。后天的颅骨软化同样是由于婴儿期钙缺乏造成的，常见为维生素 D 缺乏性佝偻病，或长期缺乏户外活动，没有合理补充维生素 D，生长发育过快或追赶性生长，某

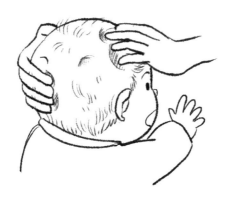

些原因造成营养吸收障碍或排出增加，如慢性腹泻、铅中毒、长期应用糖皮质激素等，会导致婴儿颅骨在发育过程中逐渐出现颅骨软化。颅骨软化除了会严重影响颅骨外观发育，出现偏头、扁头之外，还会增加颅骨骨折的风险。

♡ 方颅

方颅即颅骨外观呈现为方形，表现为前额骨突出，两侧颞骨向前向两侧突出。方颅形成前，有很多孩子存在颅骨软化。当软骨过度增生，骨质大量堆积在颅骨交界处，便会形成方颅。

在婴幼儿期，方颅产生的主要原因是维生素D缺乏性佝偻病。方颅是其较常见的后遗症，同时，还会有其他的骨骼发育异常，如"手镯脚镯"、肋骨外翻、肋骨串珠、鸡胸和漏斗胸、O形腿、X形腿，还会由于血液中钙离子不足，引起睡眠不安，烦躁易激惹，甚至手足搐搦等。

宝宝头围标准

月龄	男宝宝		女宝宝	
	头围标准	均值	头围标准	均值
出生	31.8～36.3 厘米	33.9 厘米	30.9～36.1 厘米	33.5 厘米
满月	35.4～40.2 厘米	37.8 厘米	34.7～39.5 厘米	37.1 厘米
第二个月	37.0～42.2 厘米	39.6 厘米	36.2～41.0 厘米	38.6 厘米
第三个月	38.2～43.4 厘米	40.8 厘米	37.4～42.2 厘米	39.8 厘米
第四个月	39.6～44.4 厘米	42.0 厘米	38.5～43.3 厘米	40.9 厘米
第五个月	40.4～45.2 厘米	42.8 厘米	39.4～44.2 厘米	41.8 厘米
第六个月	41.3～46.5 厘米	43.9 厘米	40.4～45.2 厘米	42.8 厘米
七～八个月	42.4～47.6 厘米	45.0 厘米	41.2～46.3 厘米	43.8 厘米
九～十个月	43.8～49.0 厘米	45.7 厘米	42.1～46.9 厘米	44.5 厘米
十一～十二个月	43.7～48.9 厘米	46.3 厘米	42.6～47.8 厘米	45.2 厘米

李主任开小灶

宝宝头围应该怎样测量

宝宝头围是指头部一圈的最大长度，我们应该使用一条软尺来测量。用软尺围绕宝宝的头部，前面经过眉毛正中，后面经过后脑勺最突出的一点，也就是枕骨粗隆最高处。这样绕过宝宝头部一周所得到的数据就是宝宝的头围大小。一般宝宝的头发比较少，所以可以忽略头发的厚度，不过如果是头发较多的大宝宝，应该把头发拨开测量比较准确。

异常头型的预防和矫正

我们应该如何预防宝宝出现头型异常呢？预防分为三个阶段，分别是孕期预防、新生儿期预防和婴幼儿期预防。

♡ 孕期的饮食和产检

首先，预防要从孕期开始。**无论预防哪一种颅骨发育的异常，都离不开孕期的合理饮食和规律产检。**孕期准妈妈要保证营养的均衡摄入，当胎儿过大或妈妈自身体重增长过快时，应控制饮食中含热量偏高食物的摄入，如过多的碳水化合物和油脂，还需保证优质蛋白质的供给，避免巨大儿的出现。同时，也应避免营养素摄入不足，特别是钙元素的缺乏。每日应有一定量的富含钙质的食物摄入，如奶制品、豆类、海产品等，并在孕期的后三个月，每日补充维生素 D800 ～ 1000 国际单位。另外，孕期应适当安排合理运动，特别是应进行户外活动，避免长时间久居室内，不仅可以避免营养缺乏，还会因合理的锻炼帮助自然分娩。

其次，孕期的检查包括血液检查和超声检查，能及时发现一些母亲和胎儿的病理问题，如孕早期病毒感染、妊娠期糖尿病、妊娠期甲状腺功能异常等；也可严密监测胎儿各项发育指标，避免胎儿过大或因发育不良而引发的先天缺陷。

♡ 新生儿期的干预手段

如果宝宝出生后存在先锋头、头颅水肿或头颅血肿等问题，在等待其自然吸收消退的同时，也可以通过有效的干预手段避免进一步加重，从而防止更加严重并发症的出现。

第一，避免挤压患处。因为此时新生儿头皮水肿明显，在进行接触局部的护理操作时，如清洗头部、抚触按摩、托起怀抱等，应注意动作轻柔，一旦新生儿出现哭闹，应暂时停止操作，同时，新生儿头部接触的衣物和床围，应尽量柔软，不要使用粗硬材料。

第二，防止破溃感染。如已经存在皮肤破损，应在医生指导下进行皮肤消毒抗感染治疗，如无破损，应注意观察，一旦出现，及时处理。

第三，**严防出血加重**。新生儿头皮下血管丰富，脑组织内的生发层也较脆弱，同时自身出凝血机制不完善，极易因各种因素出现或加重皮下血肿和颅内出血。因此，对于已经存在头颅水肿或头颅血肿的孩子，应严密观察精神反应、吃奶情况、体重变化以及黄疸程度，如果出现可疑异常信号，应及时排查原因，避免因继发因素导致出血加重。

▽ 婴幼儿期合理补充维生素 D 和钙

婴幼儿期导致颅骨发育问题的主要原因是维生素 D 和钙的缺乏，有效预防手段是日常饮食注意钙的摄入并规律补充维生素 D。近年来，由于户外活动缺乏和紫外线照射不足，所有年龄段的儿童都存在发生维生素 D 缺乏的风险。

我国关于维生素 D 预防剂量的建议为，每日补充维生素 D 400 ~ 800 国际单位。可以根据北方或南方，冬季或夏季等不同情况选择不同剂量。对于一些特殊需要的婴儿，如早产儿、低出生体重儿、双胎儿，生后即应补充维生素 D 每日 800 ~ 1000 国际单位，连续三个月后改为 400 ~ 800 国际单位。由于日光照射是获取维生素 D 的重要方式，因此冬季应增加户外活动的时间，夏季可在阴凉处进行户外活动。

关于钙的摄入，不同年龄也有相关建议。大家知道，钙元素不仅是骨骼肌肉发育不可缺少的营养素，同时还参与凝血和维持神经肌肉的兴奋性。儿童期对于钙的需要量较大，根据中国营养学会的建议，6 月龄内每日钙需要量为 200 毫克，7 ～ 12 个月为 250 毫克，1 ～ 3 岁每日 600 毫克，4 ～ 11 岁每日 800 毫克，11 岁以上每日 1000 毫克。

食物中钙的含量以奶制品最为丰富，而母乳中的钙不仅含量丰富，而且吸收率高。因此建议，6 个月内的婴儿应母乳喂养；6 月龄以后，应保持奶量每日 600 ～ 800 毫升；1 ～ 3 岁，仍然建议每日奶量在 600 毫升左右；学龄前期每日奶量 400 ～ 500 毫升；学龄期每日 300 毫升。保证奶量的目的，除了补钙，还能保证蛋白质、磷和乳糖的摄入，因为蛋白质、磷以及乳糖都可以起到促进机体对钙吸收的作用。

还应保持科学、规律的运动。

头颅外观在婴幼儿阶段基本定型，而决定头型的，是颅骨的发育。骨骼的发育，除了营养因素外，另一个因素就是合理运动。如果像本章开头提到的那个新生儿姥姥的做法，不仅对头型塑形毫无意义，甚至会因影响头部的自由转动而导致宝宝头颈部骨骼肌肉发育受到影响。因此建议在婴幼儿期应避免婴儿保持固定的姿势，无论是在吃奶时还是睡眠时，都应避免头长期偏向一侧，应采取左右交替、卧位俯卧交替的方法，这样对头颅外观的发育才是有好处的。另外，三个月内的俯卧抬头训练、直立竖抱，三到六个月的翻身翻滚，六个月以后的爬行训练，都会促进宝宝颅骨的正常发育。

当然，在做好预防的同时，我们应定期进行体格发育、智力发育水平的评估，及时发现可能导致颅骨发育异常的病理问题，应时刻牢记：离开健康谈颜值，是毫无意义的！

教宝宝翻身的方法：

√ 选择宝宝趴在床上的时候，妈妈在他（她）视线斜上方 30° 位置，摇动一个色彩鲜艳的玩具。逗引宝宝两臂支撑身体，抬头挺胸往上看。

√ 待宝宝有了一定的支撑力，妈妈需要将玩具高度调整到宝宝仰卧在床伸手和脚可以够到的地方。

√ 当宝宝仰卧时，妈妈轻轻握住宝宝的双腿，将一侧腿放在另一侧腿上，辅助一点力量使宝宝的身体自然翻转，变成俯卧，并多次练习。

√ 妈妈可以在宝宝身后呼唤名字，同时用有响声的玩具吸引他，让宝宝在寻找声音源头的过程中练习翻身。

√ 当宝宝想要自主地抓握玩具时，故意将玩具放得远一点，促使宝宝翻身。

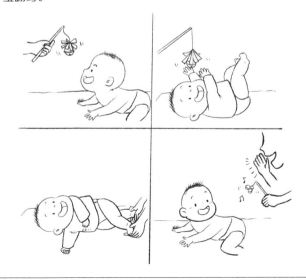

第四章

不怕龅牙地包天，六招打造完美牙型

在门诊我经常会帮助解决一些"家庭纠纷"，纠纷的起因大多是由于育儿理念不同，家庭内部出现意见分歧而导致矛盾。解决此类问题最好的方法是——由专业人士作为第三者来给出意见，以达到化解矛盾的目的。

有一次遇到一对夫妻因为对"是否应该给孩子使用安抚奶嘴"意见不同，已经吵过几次架了。他们是带着七个多月大的宝宝来就诊的，因为孩子入睡很困难，从出生到现在，都不得不采用奶睡的方法，无论是白天还是晚上都是如此。妈妈感到很疲劳，同时又考虑到奶睡的诸多不利，就决定给孩子使用安抚奶嘴，但是遭到了爸爸的强烈反对。爸爸的理由是，用安抚奶嘴对孩子的牙齿发育有影响，况且他最大的担心是宝宝因为一直奶睡，貌似已经出现了轻度的"地包天"。

我首先安抚了紧张的爸爸，告诉他只要正确掌握安抚奶嘴的使用方法，控制使用时间，并且能在两岁前停掉，是不会影响孩子牙齿的发育的，同时也给妈妈提出了一些建议：包括如何培养孩子养成自主入睡的习惯，如何帮孩子清洁刚刚长出的乳牙，以及应该如何避免一些不良喂养习惯对孩子牙齿发育的影响。

最终，这对新手爸妈在我面前成功和好。

错颌畸形是什么

我们经常会见到带着牙套进行牙齿矫形的少男少女，也因此让很多新手爸妈意识到，必须要在刚刚萌出乳牙的时候，就着手帮孩子打造完美牙型。

牙齿的发育不仅影响到面部的轮廓外观，还会对食物消化、吐字发音产生影响。

影响牙齿美观的常见发育问题是错颌畸形，有以下六种情况：

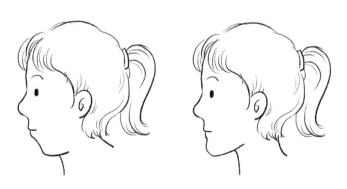

一是牙齿拥挤，排列混乱；

二是上颌前突（俗称龅牙）；

三是下颌前突或上颌后缩（俗称地包天）；

四是下颌后缩；

五是个别牙齿反颌；

六是偏颌导致颜面不对称。

本节我会给家长们几点建议和方法，帮助孩子长出一口好牙型。

错颌畸形的形成原因

造成错颌畸形的原因包括遗传因素和后天因素，遗传因素是来源于父母的影响，但可以通过后天干预手段改善。后天因素包括不良的用牙习惯、替牙障碍、牙齿及牙周疾病，或外伤损伤等，也有可能是几种因素共同影响。

错颌畸形的一个原因是在乳牙萌出或者换牙过程中，牙齿或牙周出现感染，如龋齿、牙周炎等引起咬合困难，乳牙滞留引起牙齿排列拥挤，外伤引起牙齿缺失导致错位等，医学上将其称为"牙源性错颌畸形"。

另一个原因是颌面部的骨骼发育异常。最常见的是下颌骨的下颌支发育异常，导致下颌支向前突出或短小后缩，出现牙齿的错颌畸形，医学上叫作"骨性错颌畸形"。

第三个原因是后天的一些不良的用牙习惯造成，叫作"功能性错颌畸形"。在婴幼儿期，常见的不良习惯包括不正确的吃奶姿势，比如妈妈长期平躺喂奶，宝宝吃奶的时候头部离乳房太远造成下颌用力前伸，习惯固定一侧哺乳导致另一侧下颌骨发育受到影响；使用奶瓶喂养的宝宝也会同样存在类似问题，比如奶嘴孔径太小，奶瓶过度下斜或上扬，奶嘴距离较远等；另外，长时间使用安抚奶嘴，两岁以后还使用奶瓶也是不良因素；在婴幼儿阶段，常常还会由于孩子啃咬玩具等坚硬物品造成错颌畸形。

错颌畸形的危害

如果牙齿的发育异常仅仅影响容貌，我们还无须过分担心，但实际上它还会对孩子的身心发育产生极大的影响。

首先是**对口腔局部的危害**。排列不齐的牙齿，更易积存食物，如果不及时清除，会继发感染，发生龋坏、牙龈炎，严重时会导致牙周病，同时牙齿对口腔黏膜的刺激增加，容易发生反复的口腔溃疡。

其次是**影响颌面部功能**。颌面部的骨骼不仅有维持面部轮廓的作用，同时有很重要的生理功能，如参与咀嚼吞咽，帮助人体在每个体位都能顺畅呼吸等。因此，错颌畸形严重时，会造成吞咽异常和呼吸不畅。

第三是**全身性的危害**。错颌畸形会造成食物在口腔中没有充分地被切断磨碎，并发炎症时又会影响对食物的咀嚼，因此会大大增加胃肠道负担，出现消化不良。

第四是**影响语言发育**。完成说话是一个非常复杂的过程，除了大脑指挥，用于发音的器官也很重要，包括上下唇、牙齿、舌头以及咽喉等，错颌畸形的孩子很可能出现咬字不清、发音不准等情况。最后当然是对孩子心理的影响，容貌不好看，吐字不清楚，会让孩子产生自卑感，不愿主动与人交流，久而久之形成孤僻畏缩的性格。

错颌畸形的防治方法

♡ 孕期营养是关键

家长们普遍认为牙齿是孩子出生以后6个月左右才发育的，其实不是。乳牙的发育始于胎儿期，只是在出生以后6～8个月才开始萌出。所以，**宝宝的牙齿好坏，直接受到孕期的很多因素影响。关键的还是营养。**孕期营养要保持均衡，每天的主食中有一定量的粗粮谷物，至少500克的新鲜蔬菜水果，瘦肉、豆制品和奶制品也会提供胎儿牙齿发育必需的营养素。记住"妈妈吃得好，宝宝牙漂亮"。

另外，有一点必须关注，**准妈妈的一些牙齿疾病会对孩子发育产生影响。**例如，看似无关紧要的龋齿和牙周炎。龋齿和牙周炎发生的常见原因是细菌感染。有相关报道，在怀孕32周内，如果妈妈患有牙周炎，早产发生率是不患病妈妈的5～7倍，原因是细菌进入母体血液后，会通过胎盘脐带感染胎儿，导致流产、早产和胎儿畸形。在妈妈口腔内的有害细菌，在宝宝出生后，也可能会通过密

在此我想特别提醒，应坚决摒弃大人嚼食喂饭给孩子的陋习！这样的行为不仅跟口腔疾病的发生有关，同时，很多的传染性疾病都是由此导致的！

说到孕期预防，还要讲到阻生智齿的问题。由于孕期激素水平的波动，造成准妈妈自身免疫功能受到影响，阻生智齿不但会引起剧烈疼痛，还极易导致牙周炎，直接导致营养摄入障碍，同时，孕期治疗阻生智齿有很多用药方面的限制。

因此，应在备孕阶段积极治疗口腔问题，孕期注意牙齿的规范清洁和口腔卫生，如果出现问题一定要及时治疗。

切接触和母乳喂养传染给孩子，出现乳牙龋齿。

♡ 新生儿"马牙"要正确应对

宝宝出生以后，很多家长会发现，孩子牙龈上有黄白色的颗粒，可能是一个，也可能分布在牙龈的不同位置。家长们就会担心了，这些颗粒会不会影响吃奶呢？会不会影响长牙呢？

告诉大家，完全不必有这样的担心！这种出现在牙龈上的黄白色颗粒，医学上称为"上皮珠"，俗称"马牙"，是胎儿期子宫内羊水中的上皮细胞沉积在口腔内局部造成的，是一个正常的生理现象，

不会对宝宝有任何影响。

　　有的家长出于担心，就用棉签或纱布去擦拭马牙，这样做是很危险的。因为如果想擦除马牙，一定要很用力，在用力擦拭的过程中极易造成黏膜破坏，轻则引起牙龈局部感染，细菌会直接侵袭牙龈下的乳牙。无论是牙龈感染，还是乳牙感染，都会影响乳牙的萌出，造成出牙延迟或缺失，从而导致错颌畸形；更加严重的问题是，细菌会经破损的黏膜进入血液，形成血源性感染，甚至引发新生儿败血症。由于早期新生儿血脑屏障功能很差，败血症又极易并发脑膜炎，危及新生儿的生命，并有遗留神经系统后遗症的危险。这样的惨痛教训在临床上是屡见不鲜的。

♡ 要掌握正确的哺乳姿势

　　哺乳期预防错颌畸形的重点是避免不正确的吃奶姿势，包括不要长时间平躺吃奶，妈妈不要长期一侧哺乳或让孩子长期采取一侧睡姿，同时无论是母乳亲喂还是奶瓶喂养，都应注意宝宝上下唇和奶头含接的姿势。

平躺吃奶或奶嘴距离较远，会让孩子在吃奶过程中，上下颌用力前伸，长期用这样的姿势吃奶，会刺激上颌骨或下颌骨过度发育，用力咬住奶嘴的牙齿也会受到损伤，导致错颌畸形；长期一侧吃奶或睡眠，也极易造成颜面部骨骼发育得不一致。因此妈妈们一定要注意避免不正确的喂奶姿势。

那么正确的喂养姿势是什么样的呢？当然首先是鼓励母乳亲喂，尽量不使用奶瓶喂养。母亲哺乳时，应保证宝宝的上下唇要含接大部分乳晕，牙龈贴近妈妈的乳头。同时根据妈妈的产后恢复状况，采用各种姿势交替喂奶，可以侧卧，可以环抱，也可以 45° 倾斜，在宝宝出生四五个月时，头竖立很稳，也可以采取面对面妈妈竖抱喂奶的姿势，既可以让孩子的面部骨骼得到充分锻炼，也可以避免乳牙萌出后的损伤。

还要注意安抚奶嘴的合理使用。数据显示，如果在两岁后还使用安抚奶嘴，会对牙齿和骨骼的发育存在潜在危害，出现错颌畸形，因此建议，**安抚奶嘴在两岁内一定要脱离**，同时也应注意每日的使用时间，尽量控制在最短的时间。

那么问题来了，如果像文章开头提到的那个宝宝，不给安抚就很难入睡，该怎么办呢？其实，给孩子安抚的方式有很多种，比如多陪伴，爸爸妈妈应该及时发现孩子的需求，多陪在孩子身边，用怀抱式安抚，或轻抚轻拍背部，抚摸小肚子和手脚，哼唱儿歌童谣等方式，让宝宝有足够的安全感。

♡ 要合理添加辅食

出生 6 个月左右开始添加固体辅食，对孩子牙齿的发育有着很积极的影响。

首先应保证食物的多样性和均衡性，为牙齿和骨骼发育提供足够的营养。

其次应遵循循序渐进原则，逐渐增加食物的稀稠度和颗粒粗细度，并适当提供一定量的粗粮谷物和含纤维较粗的水果蔬菜，让孩子在进食过程中咀嚼器官的功能得到充分的锻炼，以促进其正常发育。

再次，这个阶段的婴儿正处在口欲期，而此时乳牙刚刚萌出，还非常娇嫩，家长应及时纠正孩子的不良用牙习惯，如长时间吃手指、啃咬撕扯坚硬的玩具等，当然不建议强行制止，应采取转移注意力、户外活动等方式；同时从保护牙齿的角度出发，建议给孩子购买玩具时，可以选择材质柔软的，如布类、硅胶类来代替坚硬材质的。

♡ 要注意乳牙期的口腔清洁

大部分婴儿在出生后的 6 ～ 8 个月长出第一颗乳牙，但最晚可到 1 岁，3 岁之前出齐 20 颗乳牙。错颌畸形的乳牙期预防，一定要从第一颗乳牙就开始。

首先要注意口腔清洁。要正确掌握口腔的清洁和刷牙方法：牙齿萌出前，可以用纱布沾温水擦拭的方法清洁口腔和牙龈，每天

2～3 次，注意动作轻柔；乳牙萌出以后，开始使用牙刷，指套式和手持式都可以，每天 2 次，每次 3 分钟，需要仔细清洁牙齿的每一个面，包括前面、后面和横切面都要充分刷到。牙缝间如果有食物残留，可以用牙线剔除。刷牙时可使用含氟量在 0.05% 左右的儿童低氟可吞咽牙膏，每次用量在黄豆粒大小即可。

其次要注意问题乳牙的治疗。很多家长认为乳牙期的龋齿不需要治疗，认为"反正乳牙都要换掉的"，其实是大错特错！龋齿发生的原因是细菌感染，一旦乳牙有龋齿，定植的细菌会长期存在，不仅会感染周围的好牙，同时会造成恒牙长出后也被感染，出现恒牙龋坏，因此乳牙的龋齿必须及时治疗，同样牙周和牙龈的疾病也是如此。乳牙的缺失和滞留可能会导致牙齿排列异常，因此一旦出现也要治疗，才能避免产生错颌畸形。

♡ 要做专业的口腔疾病预防

从乳牙萌出开始，建议定期带孩子进行口腔检查。除了要发现乳牙问题及时干预外，还可以采用"涂氟"和"窝沟封闭"的方法，预防龋齿发生或者阻止龋坏加重。

由于乳牙的坚硬度和耐磨性都较差，而婴幼儿的食物又比较细腻，蛋白质和糖分的含量较高，因此即使是每天刷 2 次牙，也很有可能无法彻底清洁，所以可以采用专业手法对乳牙进行保护。氟化物可以起到坚固牙齿和保护牙釉质不被细菌侵蚀的作用，同时也更利于牙齿的清洁。1 岁以后，就可以按照专业医生的建议，为孩子进行牙齿涂氟，以预防龋齿。窝沟封闭是在牙齿咬合面凹凸不平窝沟处涂上一种高分子复合树脂材料，形成一层保护膜，使牙齿免受食物残渣和细菌的侵蚀，从而增强牙齿抗龋齿的能力。

♡ 发现问题及时矫正

不同的错颌畸形应在不同的年龄段进行矫治：1. 乳牙期3～5岁阶段，此时乳牙的牙根已发育完全且还没有开始吸收，如矫治过早，幼儿常不能合作，过晚则门牙就开始吸收了，加力时乳牙易脱落，这时最常矫治的情况是乳牙反颌（地包天）的患儿；2. 替牙期7～12岁阶段是早期矫治阶段，上颌发育不足（地包天）、上颌发育过度（龅牙）及下颌发育不足（小下巴）等，可以通过戴功能矫治器的方法，促进或抑制相应颌骨的生长，使上下颌骨发育接近协调，一般在生长高峰期前1～3年，约9～12岁进行矫治，在戴功能矫治器后还需要进行后期的常规正畸治疗；3. 对于大多数的错颌畸形可在恒牙初期进行矫治，女孩一般11～13岁，男孩一般12～15岁，此时牙齿替换结束，颅颌面软硬组织发育尚有部分潜力，组织的代偿功能好，牙齿移动效果最显著。所以，这个时期是矫正的常规黄金时期。

第五章

大小脸不光不好看，还可能是疾病的信号

一天，我接到了母婴同室值班医生打来的电话，说一个刚出生的宝宝表现为两侧面颊明显不对称，妈妈非常紧张，请我去看一下。见到小宝宝的时候，她正蜷缩在妈妈怀中安睡。我接过宝宝仔细查看后发现，孩子的右侧脸颊肉嘟嘟的，左侧明显小于右侧，但经过触诊，除了两侧面颊的皮下脂肪厚度不同以外，两侧下颌骨骼的发育是对称的，眼睛、耳朵、鼻子、口唇等头面部其他部位，也都很正常，面部皮肤的颜色也很均匀。

我马上安慰这个紧张的新手妈妈："宝宝的脸颊看上去不对称，是宫内挤压造成的，我刚刚已经排除了发育异常的问题，放心吧，出生后一旦挤压解除，慢慢就会长好。不过要注意无论是吃奶还是睡觉，都要避免长时间的一侧固定，应该左右侧交替。"

听了我的解释，妈妈才松了一口气。因为孩子和妈妈一起住在医院的产后休养病房直到满月，我每周都去查看一下孩子，出生后30天离院回家的时候，小宝宝的两侧脸颊仍然有轻度的不对称，但已经比刚出生的时候明显好转了。孩子三个月的时候来门诊体检，两侧小脸都已经是圆圆的"婴儿肥"了。

因为宫内和分娩时的挤压刺激，绝大多数的新生儿刚出生时都表现为双侧面颊大小不等，看上去很不对称，妈妈们常因宝宝的"大小脸"而发愁。本章将从宝宝面部发育讲起，提醒大家应该引起注意的疾病问题，同时会解释生理性"大小脸"的形成原因以及预防方法。

科学认知"大小脸"

人体面部的骨骼肌肉发育过程非常复杂，从胚胎期开始形成、发育，到出生后功能继续完善，是一个长期过程，在此过程中很多

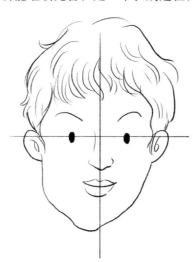

因素会影响面部肌肉骨骼的发育，因此从外观看上去我们每一个人的两侧面颊都不会是完全一致的，这也无伤大雅。但要注意，如果是某些发育异常或损伤造成的偏颌畸形，就要引起重视了。它不光严重影响容貌，还会影响孩子的咀嚼和发音，从而对身心发育造成危害。

偏颌畸形，是主要以上下颌侧方关系异常、牙中线错位、面部偏斜为主要临床特征的一类复杂畸形，是颌骨畸形中较为常见的一类。

引起偏颌畸形的原因

引起偏颌畸形原因比较复杂，一般分为先天性和获得性。

先天性因素是指在胚胎发育中，一侧颌面骨骼发育不良导致双侧发育不一致，并继发相邻结构形态也发生改变。

后天因素是指由于外伤、感染、骨肿瘤或软组织肿瘤压迫等原因导致，其中在婴幼儿和儿童期的创伤最为常见。

在先天因素造成的偏颌畸形中，半侧颜面短小畸形最常见。这是仅次于唇腭裂的常见先天性面部畸形，除了外观异常，还会累及颅面骨骼、肌肉、软组织、面神经、外耳及颅外器官。如果存在染色体异常，还可能会伴有小耳畸形、先天性心脏病、智力发育异常、肛门闭锁等。

因此，如果一个新生儿出生后表现为严重的双侧面颊不对称，一侧面颊严重短小，应予以重视。如果明确是先天畸形，就要进行积极的检查和治疗。

当然，绝大部分的"大小脸"是生理性的，也就是不存在任何发育异常和功能异常的生理问题。下面，我们就来说说具体的形成原因：

一是妊娠后期宫内挤压。妊娠后期胎儿发育较快，如果一侧面颊长时间挤压在子宫壁上，就会影响这一侧面部骨骼、肌肉以及皮下组织的发育，出生后就会表现为"大小脸"。

二是婴幼儿期不良习惯。例如很多宝宝被大人长期一侧竖抱或睡眠时长期习惯偏向一侧，就会影响受压一侧的骨骼、肌肉以及皮下组织的发育，出现双侧面颊的不对称。另外，吃饭时习惯单侧咀嚼也会导致两侧咀嚼肌发育不均衡，而出现"大小脸"。

三是牙齿牙周疾病影响。牙齿和牙周出现问题，比如龋齿、牙周炎、乳牙缺失都会让孩子回避咀嚼疼痛，而长期一侧咀嚼，如果没有及时治疗，尽快恢复双侧交替咀嚼，就会导致常用的这一侧的骨骼和咀嚼肌发育偏快，另一侧落后，出现双侧面颊不对称。

偏颌畸形的防治方法

了解了"大小脸"的形成原因，我们就可以从以下四个方面入手来有效预防。

♡ 孕期须营养运动两手抓

孕期预防包括孕期营养和适量运动，目的是避免营养过剩导致胎儿过大，增重过快。

这里我给大家从热卡增加的角度说明一下孕期如何避免营养过剩。一般建议孕妇在怀孕的 0 ～ 3 个月时间不需要增加食物热量，摄取和怀孕前一样的热量即可，到了妊娠 4 ～ 9 个月，每天膳食热量增加 300 卡即可。

营养过剩很容易导致胎儿过大，增重过快，从而限制宝宝在子宫内"游动"，使宝宝有可能长时间地维持一个体位，进而导致一侧面部长时间受子宫壁挤压，影响骨骼肌肉发育，出现发育不对称。

避免胎儿过大的另一个方法，就是孕期适量运动。建议孕早期（16 周

李主任开小灶

300 卡的热量如果换算成常见的食物，大概就是三两（150 克）白米饭，或一个馒头，或者三个白水煮蛋，或一两（50 克）五花肉。

准妈妈们可以对照一下自己每日的食谱，如果超过这样的标准，就是营养过剩了。

以前），准妈妈们可以每天散步或做广播体操一小时；孕中期（即17周到28周），进行每周两到三次游泳、慢跑和孕妇瑜伽；孕后期（即28周以后），每天做一做伸展运动，也可以有效地防止胎儿过大。

♡ 避免宝宝长期偏向一侧睡眠

睡姿预防的关键点就是避免宝宝长期偏向一侧睡眠。

经常有妈妈问我，孩子用哪种体位睡觉会更好？回答是：保证安全的前提下，不要固定睡姿，不要强迫睡姿，就是最好的睡姿！

宝宝出生后，会很长时间采取胎儿期形成的习惯体位来获得足够的安全感，也会导致对其他姿势的不接受。因此，我们就要有意识地让宝宝逐渐接受各种睡姿，例如仰卧、左右侧卧，甚至俯卧，不建议用人为干预的方法固定单一睡姿，否则不仅会影响面部骨骼肌肉发育，出现不对称，甚至会让头颈部所有骨骼肌肉受到影响。当然，在宝宝能够灵活翻身前，俯卧睡眠时必须要求看护人严密监控，以免发生危险。

任何年龄段的婴儿，都应安置在安全的环境下睡眠，包括床具、被褥和衣物包被，原则是避免坚硬、避免厚重、避免绑带、避免窒息。

同样的原则，也适用于对婴儿怀抱的姿势。每个成人都有自己的优势肢体和习惯姿势，无论是妈妈怀抱婴儿哺乳时，还是爸爸竖抱婴儿安抚时，都会不由自主地采取较舒适省力的姿势。经常这样做，就会导致宝宝一侧脸颊经常受压，如果没有及时发现，也会出现"大小脸"的问题。因此，建议在日常怀抱或竖抱婴儿时，一定要两侧交替，避免长期固定一侧。

♡ 运动促进发育

运动预防能够促进头颈部骨骼肌肉的均衡全面发育。

婴儿期，也就是出生后第一年，是大运动快速发育的一年。从竖头到翻身，再到独坐、爬行，直到独立站立和行走，都是在这一年完成的。伴随着全身骨骼肌肉系统的发育，头面部骨骼肌肉也会快速发育。面部骨骼轮廓在孩子 1 岁的时候基本形成。因此家长们一定要抓住这一关键时期，根据不同月龄孩子的发育特点，采取不同的运动训练方法，不但可以通过训练促进运动和脑部发育，也有助于面部骨骼肌肉发育，为打造优美的面部轮廓奠定基础。

与口腔活动有关的所有动作，都会影响到双侧脸颊的均衡发育。

口腔活动包括咀嚼食物、说话和发音。因此在宝宝出生后，家长们就可以根据其语言发育水平，进行逗笑发音、吐舌做鬼脸、唱歌、吹口哨等游戏，目的是让孩子的面部肌肉得到充分锻炼，以促进其良好发育。

出生后 3 个月内，主要针对头颈部运动发育进行训练。在这段时间内可以进行俯卧抬头训练，方法是成人用双手掌支撑住宝宝前胸，手指轻轻抬起宝宝的下颌，试着从抬起到落下，再到松开，同时用玩具吸引其视线，带动头部左右转动。

随着孩子头部控制能力的增强，在出生后的 3 ～ 4 个月时，可以用上臂支撑起上半身灵活转头，接着就可以进行翻身和翻滚训练。最初是被动翻身，即宝宝在成人的帮助下完成翻身，可以用轻推背部或臀部的方式来完成从仰卧到俯卧，并帮助其翻回仰卧，逐渐可以减少帮助，用宝宝喜欢的玩具放在身体一侧吸引其主动翻身，最终可以完成连续翻滚。

√ 在训练过程中，要注意以下几点：

√ 应避开宝宝吃奶（辅食）后，饥饿困倦时，情绪不好和生病时；

√ 训练的台面既要避免坚硬，又要避免过于松软；

√ 每日训练量累计1小时为宜，不要让宝宝过于疲劳；

√ 训练过程应确保安全防护。

日常亲子小游戏：

在新生儿期，宝宝就会有自发性的微笑，慢慢出现有意识的笑，从微笑不出声到"咯咯笑"，从"唔、哦、啊"等简单元音，到"嗒嗒、噗噗"等辅音，需要几个月的时间。

这是语言发育的初级阶段，家长们要利用这个阶段，多和孩子互动，让他熟悉家人的声音和表情，为后续的语言发育奠定基础。同时，在逗笑发音的过程中，孩子的面部肌肉得到了锻炼。同样的方法，还有吐舌伸舌、做鬼脸。

1岁以后，张大嘴练声唱歌、模仿大人吹口哨等，都是很好的方法。当孩子用上下唇形成口哨，再调动两侧面颊肌肉用力吹出气流时，双侧面部的骨骼肌肉都得到了锻炼，可以有效预防"大小脸"。

出生后 6 个月左右，可以进行从靠坐到独立坐的训练。开始可以让宝宝靠坐在沙发上或成人身上，逐渐地试着减少支撑，让宝宝独立坐在台面上，将宝宝的双腿分开 120° 夹角，同时可以让宝宝身体前倾把两手放在台面上，当坐得很稳后，在面前放置玩具，吸引其抓握并拾起，以达到完成独坐不倒的目的。

从出生后 7 ~ 8 个月开始，可以开始进行爬行训练。这是一个相对困难的过程，为了让宝宝有足够的兴趣，我们可以采取玩具吸引，模仿爬行玩偶，以及家长陪伴爬行的方法来进行，让孩子从无交替的腹爬到协调的手膝爬行、手脚爬行。

♡ 咀嚼锻炼

面部骨骼肌肉的发育，离不开合理的科学的咀嚼锻炼。

为了避免出现双侧发育不对称，有一点非常关键，就是在宝宝 7 ~ 24 个月，循序渐进完成合理的辅食添加喂养。试想，如果一个 2 岁的宝宝一日三餐仍然是糊状软食，或者是一个长期用一侧咀嚼食物的宝宝，不仅不会有一个健美的面部轮廓，同时也会产生营养吸收障碍的问题。

宝宝从 6 个月左右开始添加固体食物，要按照循序渐进的原则增加食物的品种、稀稠度和颗粒大小。到 2 岁时，应完成食物过渡，不再需要为其单独制备膳食。

固体食物从泥糊状到细颗粒、粗颗粒，再到块状的过程，也是锻炼宝宝咀嚼食物的过程。在用力切断、咬碎和磨碎食物的过程中，孩子面部骨骼和肌肉也得到了很好的锻炼。但我经常见到有些家长，为了让宝宝好好吃饭，常常把食物煮得烂烂的、切得碎碎的、磨得细细的，其实这是非常错误的做法，不但不利于面部骨骼和肌肉的发育，更严重的会直接导致消化系统成熟延迟。

因此，当宝宝开始吃第一口固体食物的时候，家长们就要有一个详细的辅食添加计划，7～9个月龄，完成从泥糊状到细颗粒状辅食的过渡，从冲调得很稀的米粉调整为较稠的米粉加蔬菜泥和肉蛋泥；10～12个月龄，完成从细颗粒到粗大颗粒的过渡，从较稠的粥加菜肉颗粒，过渡到煮得比较烂的小馄饨、小饺子；1岁以后，就要逐渐从颗粒状过渡到块状食物；直到2岁，不需要为其单独制备膳食。

只有这样，才能让孩子在吃饭过程中锻炼咀嚼能力。

当然，对于一些对食物颗粒接受较慢的宝宝，或者已经出现习惯单侧咀嚼的孩子，我建议全家共同进餐时，爸爸或妈妈面对面地让孩子模仿我们大人的咀嚼动作。为了达到最好的效果，家长们不妨将咬断、切碎、磨碎食物等一系列动作做得夸张一些，左右交替，同时可以像教宝宝唱儿歌一样，念念有词道："我们用左边咬一咬，再用右边咬一咬；我们用左边嚼一嚼，再用右边嚼一嚼……"

需要特别提醒注意的是，应做好孩子的口腔牙齿保健，规范刷牙，定期进行检查，发现牙齿和牙周疾病，必须及时彻底治疗，做好这些，才能有效促进孩子面部骨骼、面部肌肉的良好发育。

第六章

没下巴的孩子伤不起，塑造优美的下颌曲线

一天我在门诊接诊了一个刚出生二十多天的新生儿，宝宝的爸爸和奶奶带孩子来就诊的原因是：孩子从出生后就表现为吃奶非常"费劲"。据爸爸描述，这是一个足月分娩的健康男宝宝，刚出生后的几天，并没有发现异常情况，但是慢慢地家里人都觉得孩子似乎"有点儿不对劲儿"：第一个问题是吃奶费力，经常是吃吃歇歇，很难持续地进行吸吮吞咽，导致体重增长很不理想，出生三周只增重200克；第二个现象是仰卧平躺的时候，伴随着呼吸会从喉咙里发出很响的"鼾声"，孩子会因此不能安稳地仰卧睡眠。

经过对新生儿的仔细检查，我发现宝宝的下颌骨发育得相对短小，同时位置也较靠后，导致了对颈部和咽喉部软组织的支撑不够，

吸吮吞咽时，咽喉部的协调运动受到影响，平躺仰卧时，舌根后坠出现"鼾声"，严重时影响气流顺畅进出。这就是引起宝宝出现异常情况的原因。我竖抱起宝宝让家长从侧面观察孩子的面颊部外观，爸爸和奶奶这才彻底清楚了。随后又不免担心："不会长大了也这样吧？"我的建议是：目前新生儿的一般状况良好，暂时不需要特殊处理，在日常照顾中，应尽量避免平躺仰卧的体位，孩子侧卧和俯卧的姿势要舒服很多；可以采取少量多次吃奶的方法，以保证奶量摄入。这种情况，随着孩子长大，会逐渐好转，但有一部分病例，需要进行口腔科矫正，才能完全恢复。

我们平常也会见到一些这样的孩子，面部从正面看起来没有明显特别的异常，但是从侧面看上去，问题就显现出来了：他们的下颌骨明显短小而且后缩，严重的时候，像小鸟的嘴一样。我们会形容这样的面容叫作"鸟状面容"。

这种情况称为"小下颌"，也俗称为"小下巴"，对孩子的颜值影响很大。不仅如此，有一类先天畸形综合征，也会以小下颌为主要面部特征，但同时会存在其他骨骼畸形、耳聋、先天性心脏病和智力发育异常等，这样的宝宝在新生儿期就会有呼吸困难、喂养困难的表现，甚至有生命危险，需要引起高度重视。

本章我将结合下颌骨的发育以及下颌曲线，重点讲述小下颌形成原因和预防措施，并教大家如何帮助孩子打造好看的下颌曲线。

下颌骨的发育规律

下颌骨在胎儿期发育的关键时期是妊娠前 4 个月，出生后随着全身骨骼和口腔牙齿的发育而逐渐成熟，参与形成面部轮廓。

下颌骨的生长包括三个维度，即长度、宽度和高度。长度的增长以磨牙区最活跃，新生儿出生时长度为 10 毫米，6 岁时为 20 毫米，成人约为 45 ～ 50 毫米；宽度在乳牙萌出后增加得就明显减慢了，到 10 岁以后，基本再无增长；高度的增长，主要靠牙齿萌出时牙槽骨的发育来完成。

因此，如果在发育的关键年龄阶段，对一些问题没有及时干预，则需要在成年期通过外科矫形手术的方法来改善了。

顺眼的下颌骨什么样

那么，符合医学美容标准的下颌是什么样的呢？关键是要有一

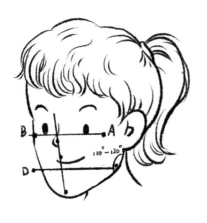

个漂亮的下颌角。下颌角的点是从耳垂向下垂直距离 2.5 厘米左右，再向前约 1 厘米的位置，这个点就是下颌角的点，也叫下颌缘。好看的下颌角应该是轮廓清晰，从下颌缘向上与耳垂连线，再向下与下颌连线，夹角约 120°。常见的下颌不美观，都是因为下颌角角度或长度不理想导致的。如果角度过小，而且耳垂到下颌角距离过长时，就表现出国字脸，如果下颌角向下向后缩，就呈现出小下颌。

据统计，一半以上东方人都有一定程度的下颌内缩，我们自己也可以通过简单的方法来判断是否存在下颌内缩，先从正面看，下颌的长度应约为脸长的 1/5；再从侧面看，下颌尖应与唇珠、鼻尖在同一直线上，在闭嘴静止无表情状态下，唇珠位于鼻尖与下巴突出点的连线（直线）以内，或者唇珠、鼻尖、下颌突出点在同一直线上，鼻尖跟下巴最突出点的连线，刚好能够经过上嘴唇，或是距离在 1～2 毫米之间，都是很好的比例。但是如果从侧面看，鼻尖和唇珠点连成一条直线，下颌在这条直线的后面，那就说明下颌后缩。还有一个专业的判断方法是测量下颌面部角的角度，从鼻根处垂直前额直线，与下颌和嘴唇最突出处连线形成的角度，正常应大于或等于 50°，如果小于 50° 即为小下颌。

由于婴幼儿的面部结构在不断发育之中，特别是长度变化比较明显。因此，对于婴幼儿来讲，角度的判断比单纯长度比例的判断更有意义。

当然，我们不提倡追求这样的所谓"选美"下颌骨，因为并非100%符合医美的标准才叫作美。现代社会对美的认定标准是多元的，尊重个性的，"外貌焦虑"更不可取。但健康是美的重要基石，作为孩子的监护人，还是应该知道下颌发育异常对孩子的巨大影响。

这要从严重程度以及是否合并其他疾病问题来分析。

文章开头我们讲到的那个新生儿，尽管存在下颌短小内缩，但并未发现有其他异常情况，因此，考虑与遗传因素或宫内挤压有关。

有一类先天畸形会表现为下颌短小内缩，即"小颌畸形综合征"，须引起重视。根据同时并发的其他畸形以及有可能出现的严重并发症，又分为腭裂－小颌畸形－舌下垂综合征、小下颌－舌下垂综合征、小颌大舌畸形综合征、吸气性气道阻塞综合征、Robin 综合征等。

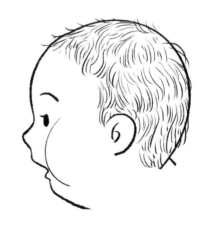

这类先天畸形综合征是以在新生儿和婴儿时期就明显存在的小颌畸形、舌后坠，腭裂及吸气性呼吸道阻塞为主要表现。此类新生儿出生后就会有

出现吸气性呼吸困难，可伴有喉喘鸣、发绀、肋骨及胸骨下在吸气时凹陷，平躺仰卧位时更明显，同时存在喂养困难，不易吸吮吞咽，易呛咳，从而导致营养不良，体重不增，生长缓慢。

根据报道，这种先天畸形每 8500 个新出生婴儿中有一例，严重病例会因呼吸道阻塞造成死亡。其病因尚未完全清楚，考虑与环境因素、营养不良、放射线、药物以及孕期母亲感染巨细胞病毒，这会导致胚胎发育的前 4 个月，胎儿下颌骨髁突生发中心受到干扰和抑制。感染发生越早，胎儿发育受累程度越重，可以并发先天性心脏病、动脉导管关闭不全、房间隔缺损、主动脉缩窄和右位心等，另外，还可能出现眼缺陷、骨骼畸形、耳郭畸形、耳聋（中耳、内耳结构异常）、增殖体肥大与智力低下，是很严重的一类先天畸形。

对于轻度的气道阻塞可以采取侧卧或俯卧位，进食非常困难的宝宝也可以用胃管喂养，严重的气道阻塞就要进行手术治疗了。如果孩子不伴有神经系统及其他内脏器官的畸形，大部分会随着生长发育，下颌骨能够加速发育到正常尺寸。如果在成年后下颌骨仍然发育不良的，可进行下颌牵引成骨及颏前移等手术治疗。

所以不要简单地认为下颌短小内缩仅仅是影响容貌，如果家长们发现宝宝还存在吸气费力、有喉鸣音、呛奶和紫绀等现象，必须及时进行医学干预。

小下颌的防治方法

针对这些问题，如何从孕期到出生后采取积极的手段进行预防呢?

♡注意孕期饮食、用药并预防感染

首先还是要强调宫内因素。准妈妈在孕期一定要注意平衡膳食和合理运动，避免胎儿过大造成宫内挤压。

孕期内要注意避免营养不良，特别是叶酸、铁、碘、钙等关键营养素的摄入，建议整个孕期应口服叶酸补充剂每天 0.4 毫克。同时应每天摄入绿叶蔬菜，孕中、晚期应每天增加 20 ～ 50 克红肉，每周吃 1 ～ 2 次动物肝脏。除坚持选用加碘盐外，还应常吃含碘丰富的海产食物，如海带、紫菜等。保证每天不少于 130 克的碳水化合物。甲亢孕妇，只要按照常规饮食摄入，不额外补碘是没问题的。

孕中期开始，每天增 200 克奶制品，达到每天 500 克，每天增加鱼、禽、蛋、瘦肉共计 50 克。

孕晚期再增加 75 克左右，

李主任开小灶

因为很多先天畸形与大剂量的放射线暴露有关，所以很多妈妈也很紧张，甚至不敢接触电脑、手机等日常电子产品。

其实大可不必，从理论上讲，有可能导致胎儿畸形的放射线剂量是 5 ～ 15rad，但是我们日常的接触是远低于此的。

以 X 光胸片为例，单次为 0.00007rad，要照 71429 次才能超过 5rad 的最低标准，同样计算，接受胸部透视 7000 多次才会超标，牙科 X 线片要照 50000 多次才超标。当然，对于像腹部 CT 这样的检查，2 次放射线剂量就达到危险值了，在孕期应该绝对禁止。专业的放射线检查尚且如此，因此，对于在日常生活中正常接触的电子产品，是无须过分担心的。

每周最好食用 2～3 次深海鱼类。

由于错误用药和病毒感染是导致先天畸形的重要原因，准妈妈在孕期一旦需要用药一定要在医生的指导下进行，包括看似无害的保健品。

另外，怀孕前三个月的巨细胞病毒感染会导致下颌骨发育受到抑制，而且感染越重，胎儿发生先天畸形的概率越大。

由于巨细胞病毒感染对成人的影响很可能仅仅表现为症状较轻的呼吸道感染，甚至可以完全无任何表现，不容易识别。因此建议准妈妈在怀孕早期应避免去人流密集、通风不佳的公共场所，避免接触有病毒感染症状的人，比如发热、流涕、咳嗽等，居室和工作场所也要注意开窗通风，保证空气流通。孕妇本人及家庭成员都应有良好的卫生习惯，如勤洗手、咳嗽喷嚏时遮挡口鼻等。

♡ 婴幼儿期怎么吃是关键

在婴幼儿期要避免一些不当的养育方法对下颌骨发育的不良影响，从而造成生理性的小下颌。比如不正确的喂奶姿势，特别是用奶瓶喂养的宝宝，如果奶嘴开孔太大或者喂奶时奶瓶经常斜向下都可能对下颌骨的发育造成影响。

奶嘴开孔过大，孩子吃奶就毫不费力。这种情况下，下颌不需要做太多的前伸动作，长此以往，由于下颌骨的功能锻炼不足，会出现下颌后缩的情况。

在奶瓶喂养的过程中，长时间过度倾斜奶瓶，向下方压迫下唇和下颌，影响下颌骨的运动和发育，不仅可能会出现下颌短小内缩，还会使上颌骨前伸，形成上牙前突。

另一种错误的做法，是在孩子开始进食固体食物后，**食物过于软烂细碎**。下颌骨的发育一直持续到 10 岁以后，其中婴幼儿期是快速发育阶段，在其发育过程中，需要利用对食物切断、磨碎、咀嚼能力的不断提高，来促进其长度、宽度和高度三个维度的协调发育。下颌骨对于人体的作用除了形成面部轮廓，还有很重要的生理功能——支撑作用，包括支撑牙齿、支撑舌头和支撑咽喉部软组织，只有下颌骨发育完善，上述器官的功能才能完善，同时，这些器官的功能锻炼也会对下颌骨的发育起着非常重要的作用。牙齿和舌的功能之一就是切断、磨碎、搅拌和吞咽食物，如果喂给孩子的食物过于稀烂细碎，会让其无法得到充分的锻炼，直接影响下颌骨的发育。"不漂亮的下巴"就是这样造成的！

打造"漂亮下巴"的日常方法

一是**咀嚼训练法**。顾名思义，就是利用固体食物添加的过程，循序渐进增加食物种类、颗粒大小、坚硬程度，通过对食物咀嚼能力的提高，来促进下颌骨的发育。我们在上一章已经讲过，如何根据孩子自身发育情况来变更食物形态。除此之外，每日膳食中要有一定量纤维较粗食物的摄入：如瘦肉、绿叶菜等。

为了让孩子更好地进行咀嚼训练，建议进餐时，要有家长陪伴，而且最好要有一位家人坐在孩子对面，面对面地让其模仿大人把食物咬断磨碎并搅拌吞咽。

二是**手法按摩法**。日常可以通过简单的按摩方法促进孩子下颌骨的发育。

2岁以内的宝宝采取仰卧的体位，家长坐在孩子头侧，也可以让孩子的头枕在家长的大腿上，两只手分别按住孩子的左右两侧耳垂下方的下颌点，轻轻用力沿着下颌骨开始按揉，依次到下颌角，再到下颌骨的中点，用力方向为向下向前，两手在孩子下颌中点停住。

2岁以上的宝宝可以采取坐位或站位，家长和孩子面对面，两只手从两侧按住孩子的左右两侧耳垂下方的下颌点，稍用力地沿着下颌骨开始按揉，依次到下颌角，再到下颌，用力方向也是向下向前，两手在孩子下颌中点停住。如果孩子配合，可以每天做两到三次，每次10分钟。这样的手法，不仅可以促进下颌骨发育，同时，也可以帮助改善轻度的下颌后缩。

必要时寻求专业矫正

最后需要提醒大家，对于确定无法改善的生理性小下颌，可以通过医学方法进行矫正。

当孩子到了换牙期（一般是6～7岁），如果下颌后缩的情况还比较严重，就需要考虑用医学正畸的方法进行矫正了。

目前通用的方法是，针对典型的小下颌进行双期治疗。

第一期解决小下巴的问题，治疗时间是在换牙晚期或恒牙列初期，即男孩11岁到13岁之间，女孩9岁到11岁之间。这个时候孩子的生长高峰期还未真正到来，可以借助相关器械，刺激下颌生长，抑制上颌生长，过程一般需要一年到一年半。

第二期再针对上下牙齿咬合不齐治疗，时间也是一年到一年半。

第七章

想要眼睛明亮又有神，不能受这些影响

　　进入春季的一天，门诊刚刚开诊，一位妈妈急匆匆地带着她四五岁的孩子来到诊室。就诊原因是从前一天晚上开始，孩子就说眼睛很痒，不停地用手揉，今早起床后，双眼又红又肿，还有很多黄色黏稠的眼分泌物，除了又痒又疼以外，光线强烈的时候，孩子还不愿睁眼，躲避光线。

　　我进一步地了解了情况，发现这个孩子既往就有过敏性鼻炎的病史，连续两个春季发病都很严重。在眼睛出现问题的当天，家里人一起去公园踏青，孩子在几株迎春花树下玩了很长时间。经过检查，明确孩子存在急性过敏性结膜炎。经过简单用药和回避可疑的过敏原（花粉）就会逐渐好转。妈妈非常担心这种情况会影响孩子眼睛的发育："如果反复发作，会不会影响视力呢？现在的眼睛又红又肿，会持续多久呢？"我安慰她说："现在过敏性结膜炎的症状是暂时的，随着过敏反应的减轻，会逐渐好转，但应注意做好再次过敏的预防。因为发作时局部痛痒的刺激会影响视力的日常锻炼，并发细菌感染时会造成视力的暂时下降；同时，孩子会控制不住地揉眼睛，这个动作会牵拉刺激眼周肌肉和皮肤，产生顽固的皮肤褶皱，所以一定要避免反复发作。

"一旦明确或有高度可疑的过敏原，就应立即回避，眼睛的症状出现后，积极用药控制症状。这样，才能保护好孩子的视力，也不会影响眼睛的外观发育。"

每位家长都希望宝宝有一双明亮又有神的眼睛。一双漂亮的大眼睛可能是天生的，但明亮有神必须是以好的视觉为基础，而视觉能力的高低，除了受到遗传条件影响外，还一定受到发育过程中的很多因素影响，例如胎儿宫内发育、膳食营养、视觉训练、用眼习惯以及预防和治疗眼部疾病等。

以下，我将从影响儿童视觉发育的几个关键问题出发，讲解如何在日常养育中促进婴幼儿视觉发育。

宝宝的视觉发育会受到哪些因素影响

首先，**母亲孕期营养不均衡不利于胎儿视力发育**。不要以为宝宝在出生后才开始视觉发育，其实，在妊娠的第 4 周，胎儿的视觉就已经形成了，4 ~ 5 个月的时候，眼睛的神经、血管、晶状体和视网膜开始发育，到第 6 个月末，胎儿的眼睛结构和功能已经基本具备。在此其间，如果没有保证营养的均衡摄入，特别是长时间缺少维生素 A、维生素 B、亚麻酸、牛磺酸等的摄入，就会影响胎儿期视觉的发育。比如准妈妈的主食过于精细，青菜和水果品种单一，不吃鱼，不吃肉等，都不利于胎儿视觉发育。

二是婴幼儿期膳食结构不合理会影响视觉发育。婴幼儿期是视觉发育的关键时期，在对学龄前儿童视力情况的调查中发现，挑食偏食的孩子出现屈光异常的状况比良好饮食习惯的儿童发病率要高。因此一个良好的视觉发育，饮食营养是重要的基础。宝宝严重的挑食偏食会导致发育所需的蛋白质、维生素和微量元素，如锌元素、铬元素的缺乏，从而出现屈光异常。

三是日常生活中的错误做法和不当的养育方法对视力发育的影响。根据相关的研究显示，儿童的视力状况与其每天使用电子设备的时间有很大的关系，每天使用电子设备时间越长，孩子的视力越差。原因是屏幕上强弱光线的刺激损伤眼睛。这其实是源于家长的一些错误做法，比如一旦孩子出现哭闹就打开手机或平板电脑上的视频吸引和安抚，或者家长自己就对电子产品非常依赖，以至于孩子习惯模仿。另外，没有让孩子进行充分的户外运动和锻炼等，这些做法对正处在视力发育关键期的婴幼儿视力伤害是非常大的。

四是眼部疾病未及时治疗导致视力损伤。正如我在本章开头描述的，在婴幼儿期，有很多眼部疾病会损伤视力，比如最常见的结膜炎，其中包括感染性和非感染性、新生儿泪囊炎、鼻泪道堵塞、倒睫、先天或后天弱视、眼部外伤等，这些问题如果不及时发现并给予干预，都会影响视觉发育。

让宝宝眼睛又明又亮的方法

所以，让孩子的眼睛明亮又有神，必须从孕期开始做好这样几件事：

一要注意孕期均衡营养，促进胎儿视觉发育；

二要保证婴幼儿期关键营养素的摄入，以满足视觉发育需要；

三要采用合理的视觉训练方法，达到促进婴幼儿视觉发育的目的；

四要做好眼睛的保护，避免外界不良因素的刺激；

五要定期进行视力筛查，发现问题及时干预；

六是出现眼部疾病要及时进行针对性治疗。

▽ 孕期均衡营养

为了保证营养素的全面摄入，特别是胎儿视力发育必不可少的营养素，如维生素 A、维生素 B、牛磺酸、亚麻酸，准妈妈的饮食每天都要有一定量的粗粮谷物类主食，不少于 500 克的绿叶菜、黄色菜和水果，300 ～ 500 克的奶制品，少量坚果，每周 2 ～ 3 次动物肝脏和鱼类贝类海产品。

▽ 婴幼儿期关键营养素

在孩子生长发育迅速的时期，膳食结构不合理引起的营养素缺乏会直接导致视觉发育受损，因此除饮食均衡外，还要确保视力发育关键营养素的摄入。主要是蛋白质、优先母乳喂养。添加辅食后应保证每日一定量的奶制品、瘦肉、鸡蛋、豆制品等，同时保证维生素A、微量元素铬和锌的摄入。其实，只要饮食均衡，不挑食不偏食，是完全可以满足这些营养需求的。

♡ 重视视觉训练

视觉发育是一个逐渐完善的过程，从出生到8岁左右才基本发育完全。因此从新生儿期开始，就要为孩子营造良好的视觉环境，并按

李主任开小灶

维生素A的重要生理功能之一就是维护角膜和视网膜的正常功能。

维生素A缺乏症的常见症状就是夜盲症和视力减退。

富含维生素A的食物有菠菜、苜蓿、豌豆苗、红薯、胡萝卜、青椒、南瓜、番茄、豌豆、芹菜、莴苣、芦笋、动物肝脏、奶及奶制品、禽蛋等；富含微量元素铬的食物有牛肉、黑胡椒、糙米、玉米、小米、红糖、葡萄汁、食用菌类等；富含微量元素锌的食物有鱼虾贝类海产品、坚果类、谷类粗粮、瘦肉和动物内脏等。

照不同年龄阶段的视力发育水平来进行视觉训练，才能促进视觉神经系统不停地进步。

视觉训练，是一种眼睛和大脑一起做运动的训练方式，训练大脑和眼睛之间的关系。通过视觉训练不仅可以增加眼睛的运动、聚焦，双眼的合作能力，视觉处理能力，避免出现弱视，同时还能促进大脑视觉神经认知系统的快速发育。

视觉训练从新生儿期就可以开始，方法是在距离眼睛高度20厘

米的地方，用色彩鲜艳或对比分明的物品，自中线处开始缓慢向两侧移动，让宝宝追视，同样的方法也可以用微笑的人脸代替。

2～3个月用色彩鲜艳和可移动的玩具吸引幼儿注意，滚动玩具让孩子视线跟随，然后停住让视线固定在玩具上。

3～6个月视网膜已有很好的发育，要利用户外活动的时间训练宝宝由近看远，再由远看近。

6～12个月看物体是双眼同时看，应将看远的距离增加，同时配合精细动作的发育，进行拇食指捏取小颗粒的训练。

1岁后幼儿的视力进一步发展，可以通过串珠子、拧螺丝的游戏锻炼视觉发育。

2～4岁喜欢看图片，可以用带有图片的绘本吸引宝宝。

♡ 避免外界不良刺激

眼睛的发育过程中，会因外界不良刺激导致视觉损伤，对于婴幼儿来说，强光、紫外线、电子产品屏幕是常见的三个不良因素。

新生儿从黑暗的子宫内娩出后要逐渐适应周围的光线，为了利于其视觉功能完善，必须给孩子营造一个正常的光线环境，随着昼夜变化明暗交替。应避免强烈光源的直接照射，即使在室内也不要让孩子的眼睛正对着强烈的光源，比如长时间地注视着日光灯，在光线比较强烈的阳台或带孩子到户外，应对眼睛进行必要的遮挡。

因为在眼球上有一个黄斑区，是视网膜上最重要的一个部分，黄斑区的细胞主要是用来感知亮觉、色觉，往往要在孩子4岁左右才能完全成熟，如果在此之前过度地受强光刺激，会对黄斑区细胞造成一定的损伤。

最后是电子产品的使用。电子产品不是绝对不能看，但前提是大屏幕，短时间。关于时长我给家长一个建议：1 岁半以内最好不接触，2 岁以内不超过 20 分钟，3 岁以上不超过半个小时，同时建议最好是间断地看。

♡ 定期进行视力筛查

因为幼儿语言表达能力有限，即使视觉存在问题，也不会说"看不见"或"看不清"，因此按照儿童保健门诊的工作要求，儿保医生会定期对孩子进行视力发育的评估，评估的手段包括视力行为的测查和仪器设备筛查。在检查过程中不仅能发

李主任开小灶

不同的季节，孩子的户外活动是有讲究的。一要讲究时间，夏季户外紫外线强度较强，应尽量避开上午 10:00 到下午 4:00 这个时间段；二要讲究地点，夏季幼儿外出应该尽量选择树阴或背阴处，不宜在阳光直射下活动，同时夏季还要避免带孩子长时间停留在海边和沙滩等处，因为反射现象会使紫外线的强度增加两倍。如果必须在上述地方活动，可以为 1 岁以上的孩子选择佩戴合适的太阳镜。

如何挑选合适的太阳镜：

首先材质一定要安全的，适合孩子的年龄，抗击性能好的，防止发生意外时镜片破裂割伤眼睛。其次是买回来之后要先试戴，如果接触部位的皮肤出现发红发痒，那么眼镜就不合适了。

现一些先天视力发育问题，如先天性白内障、先天性弱视等，还能有针对性地发现一些后天存在的问题，如眼部炎症、倒睫、鼻泪道

李主任开小灶

不同年龄儿童的视力水平

年龄	视力
2个月	0.05
6个月	0.1
1岁	0.2
2岁	0.3～0.4
3岁	0.5～0.7
4～5岁	1.0

堵塞等，同时会及时提醒家长对不同年龄段的宝宝进行视觉训练。

在日常养育中，家里人也可以通过细心观察，早期发现孩子的视力问题：

比如幼儿对光照无反应，面部不转向明亮处；对周围事物表情淡漠，家人不说话或玩具不发出声音时，则不引起宝宝兴奋；会走路的幼儿动作笨拙，经常跌跌撞撞，躲不开眼前的障碍物；或仅用一眼注视目标，看电视时歪头眯眼，玩玩具、看绘本时距离过近等。发现问题，及时就医。

宝宝眼部疾病须知

▽ 小儿结膜炎

眼部疾病对视觉发育的影响也是很大的，其中最常见的是小儿结膜炎，新生儿就可能患病，根据病因可以分为感染性和非感染性。

感染性结膜炎常见由细菌、病毒、真菌等导致，可以经空气、灰尘、水或污染的手、毛巾、用具等途径传染而来，新生儿多为分娩时接触母亲产道病原体感染。

因为感染性结膜炎有很强的传染性，因此家长们一定要从小培养孩子良好的卫生习惯，比如勤洗手、不用脏手揉眼睛、不和别人共用一条毛巾等。

非感染性传染性可以由机械性或物理性（如热、辐射、电）刺激，化学性（酸、碱）刺激引起，在儿童中多由于过敏反应导致。

急性结膜炎是双眼先后发病，早期会感到双眼发烫、眼红、畏光、烧灼、自觉眼睛磨痛等现象，紧接着就会出现眼皮红肿、怕光、流泪、晨起分泌物黏住眼睛，导致眼睛不容易睁开，出现种种问题。治疗原则是针对病因治疗，局部给药为主，必要时全身给药。

过敏性结膜炎，常见的过敏原是春季花粉和紫外线，因此应尽量避免接触。

♡ 鼻泪道阻塞

另一个常见的婴幼儿眼部问题是鼻泪管阻塞，这多是由于先天性泪道发育障碍引起的。在新生儿期可以导致泪囊炎，表现为出生后不久出现单眼或双眼泪溢，甚至可能出现黏性脓性分泌物。家长在家可以用泪囊区按摩的方

李主任开小灶

泪囊区按摩的手法：

首先应洗净双手，拇指放在鼻泪管开口下方，即双侧眼睛内眦，靠近鼻梁根部的位置，轻轻用力从下向上挤压，可以通过压力的作用促进鼻泪管的开放。

法为孩子缓解。对于有脓性分泌物的孩子，应以抗感染为主，同时采取适当的手法按摩泪囊区，大多到生后 6 个月左右可以自愈，如果 1 岁后鼻泪道仍严重堵塞且反复继发感染，可以考虑找医生进行泪道探通术。

♡ 倒睫

还有一个婴幼儿常见的眼部问题是倒睫。倒睫刺激引起的眼部不适和炎症也会对视觉发育产生影响。

引起倒睫的原因是婴幼儿的面部特征与成人不同，脸颊还没有发育成熟，皮肤松弛，尤其是下眼睑的内侧更是松弛，就会使宝宝的眼皮向内翻，将睫毛拉向朝内，同时上下眼睑脂肪层比较厚，影响了孩子睫毛的生长，造成下眼睑的睫毛向内生长，形成倒睫。

这是一个发育过程中非常容易出现的问题。3 岁以下的轻微倒睫，不建议进行特殊处理，大多 3 岁左右可以自愈。如果 3 岁以后仍然存在，可以在眼科医生的建议下进行倒睫的拔除或眼睑成形术。

第八章

『招财耳』是无稽之谈，还可能会影响听力

不是故事，是真事

　　一天，我在母婴同室检查新生儿。这是一个刚出生3天的小宝宝，因为未通过常规听力筛查，家里人很担心，请我去看一下。这个女宝宝是足月出生的，母亲的分娩过程很顺利，在孕期妈妈也没有疾病问题，孩子出生后吃奶、哭声、排便都很正常，只是按照新生儿疾病筛查常规在出生后3天进行听力筛查的时候未通过。

　　我对小宝宝进行了详细的体检，并没有发现异常情况，就对家长解释说："第一次听力筛查未通过，不需要太紧张，有很多宝宝是因为分娩的刺激，羊水在外耳道有残留，会干扰筛查结果，可以等到分娩应激消失和羊水吸收蒸发，满月后再做一次筛查，绝大部分孩子就没问题了。"我同时还提醒家长，由于听力发育的过程，会受

到很多因素的影响，如感染、过敏、外伤等，所以在婴幼儿期，即使对听力筛查通过的宝宝，也要注意其日常对声音的反应，并定期进行听力检查。

听到这里，宝宝的爸爸问："李主任，我女儿的耳朵又大又圆，像大耳朵图图，如果长大了还这样太难看了，要怎么纠正呢？"宝宝的爷爷在一旁说："这有什么问题，这叫招财的耳朵！"周围的人都笑了，我也笑着提醒："招财不招财我不知道，但是，小宝宝的耳郭的确有轻度外翻，不过大小还在正常范围。如果过度外翻就会影响孩子听觉的范围，一定要注意对他日常的听力训练，还要定期进行听力检查！当然，如果仅仅是影响美观，完全可以通过耳郭矫形器来改善。"

我在日常工作中会遇到很多新手爸妈会纠结于小宝宝的耳朵长得不好看，担心长大了影响颜值。其实绝大部分耳朵形态问题是由于宫内挤压造成的暂时现象，会随着宝宝长大慢慢变好看，但也会存在一部分严重的耳郭和外耳畸形需要医学矫正。殊不知，比"不好看"凶险百倍的是"听力障碍"，如果没被及时发现并早期干预，会导致语言和智力发育障碍。

本章会从如何发现常见的先天、后天耳部问题，发现听力障碍以及如何在日常生活中做好婴幼儿听力训练几个方面，教给家长如何为孩子打造一双漂亮的"顺风耳"。

常见的先天性耳部问题

♡ 单纯耳郭畸形

绝大部分的耳郭畸形都是由于先天性因素导致的。

我国新生儿耳郭畸形发生率为 43.36%，国外则是 55.20%。在胚胎形成的第 5 ~ 8 周，耳郭就形成了，因此除遗传因素外，孕早期的病毒感染，特别是风疹病毒的感染，准妈妈用药或接触某些化学物质及放射线等，均可导致胎儿耳发育的畸形，有的仅表现为外耳发育畸形，有的则常常合并中耳和内耳发育异常致听力障碍。

常见的耳郭畸形有：

副耳或多耳，表现为除存在正常耳郭外，在耳屏前、颊部或上颈部有耳郭样结构或皮赘存在；

招风耳，表现为耳郭平坦，与颅骨近似直角，耳郭较大且上半部扁平，耳郭后面与头颅侧面的角度大于 150° 或完全消失；

巨耳，是耳郭先天性过分发育所致，通常表现为耳垂或耳轮的过度发育；

隐耳，主要表现为耳郭上半部埋入颞部头皮的皮下，用手向外牵拉耳郭上部才能显露出全貌；

杯状耳，表现为耳轮缘紧缩，耳轮及耳郭软骨卷曲和粘连，耳轮脚位置向前下移位；

另外，还有猫耳、猿耳等。

这些耳郭畸形，如果不伴有颌面部的其他畸形，是不会影响孩子听力的。

耳郭畸形可采用手术方法进行治疗。手术年龄要根据不同情况来确定，如单纯的副耳或多耳切除，应在学龄前手术，以免上学后同学们的议论对孩子造成心理创伤。目前临床也采用无创耳郭矫形器的方法，来帮助耳郭完成塑形。

♡ 先天性外中耳畸形（小耳畸形）

这是一种严重的先天性耳畸形，除了明显的耳郭发育不良或近似消失，还常伴有外耳道闭锁、中耳及颌面部畸形。先天性外中耳畸形里，90%为单侧，10%为双侧，男孩明显多于女孩，男女比例约4：1，右耳明显多于左耳，右左比例约3：1。

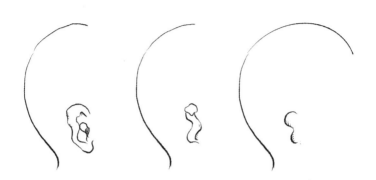

因为小耳畸形常常伴有中耳畸形和听力障碍，因此，这样的宝宝出生后一定要及时进行耳部的影像学检查，明确中耳和内耳的发育情况，同时还要进行听力评估。如果存在听力障碍，需尽早开始无创的助听干预，并在专业医生指导下安排耳郭成形术的周期性治疗。

♡ 先天性听力发育不全

有的新生儿出生后就表现为听力发育不全，分为非遗传性和遗传性，发病率各占 50% 和 70%。

非遗传性常见的原因有外耳、中耳的畸形。比如我们前面提到的小耳畸形，或与声音传导有关的鼓膜、听骨、前庭窗发育不全，也有的是因为听神经发育不全，比如妊娠期病毒、细菌感染或母亲服用耳毒性药物，都会引起听力受损；另外，新生儿缺氧、产伤、新生儿高胆红素血症等，也都是影响新生儿听力的原因。

因此，孕期母亲应特别注意积极预防和治疗感染，规律产检，在医生指导下谨慎用药。

遗传性耳聋是遗传基因发生改变而引起的，有常染色体、X-连锁、Y-连锁、线粒体（母系）遗传等。遗传性耳聋一旦发现，必须早期进行助听干预。

♡ 外耳耵聍堵塞

耵聍，即俗称的"耳屎"，是外耳道皮肤的耵聍腺分泌的淡黄色黏稠液体，具有保护外耳道皮肤和黏附外界尘埃或小虫子的作用。

所以，一般不建议在家中过度地给孩子清理耳屎，否则会使耳道失去保护的屏障。但是，很多小婴儿会因耵聍的堵塞出现不舒服，特别是在出汗多或洗澡后遇水膨胀，会经常自己抓挠耳朵，拍打头部，妈妈就非常紧张。

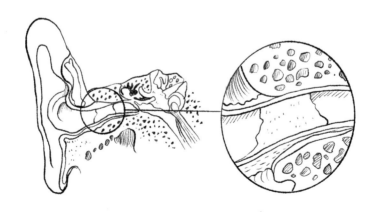

因为耵聍完全阻塞外耳道后可使听力减退，或诱发外耳道皮肤破溃感染，所以建议如果发现宝宝的外耳道被黄色、棕褐色或黑色块状物阻塞的时候，一定要及时处理，但一定要去正规医院的耳鼻喉科进行。因为，有的耵聍非常坚硬，和周围皮肤粘在一起，不仅很难清理，也可能由于家长手法不当对宝宝的耳道造成二次损伤。

当然，导致听力损伤的严重耵聍堵塞在幼儿并不多见，所以，在没有见到明显的堵塞物时，不必担心，孩子感觉不舒服的时候，帮他轻轻按压几下耳屏就可以了。

♡ 外耳道异物

这是很多"熊孩子"给自己惹的大麻烦！由于天性好奇，或者无意间见到家里人挖耳朵，就模仿着将小物体塞进耳朵，没有被及时发现，异物长时间刺激外耳道或中耳出现炎症。另一种常见的原因是小虫子飞入耳道，被耵聍包裹后，也可以停留在耳道，并发炎症，异物的大小、形状、位置不同，孩子的表现也不同。

因此，一旦孩子出现剧烈的阵发哭闹，应排查耳道异物。同时，家长日常应留意孩子对声音的反应，一旦出现可疑信号，要及时就诊。

♡ 外耳道湿疹

引起小宝宝耳朵不舒服的另一个原因是外耳道湿疹。尽管外耳道湿疹不会对听力造成影响，但由于剧烈的瘙痒和皮肤炎症，会干扰孩子的睡眠、进食和情绪，间接性影响生长发育。

由于耳道皮肤较全身其他部位皮肤更加薄嫩，更容易因外界刺激出现问题。因此，应随时保持干燥，做好皮肤保湿，在洗澡后、宝宝吐奶时，都要及时清理耳道，并涂抹保湿霜。严重的外耳道湿疹，应在医生指导下，应用药物治疗。

♡ 化脓性中耳炎

化脓性中耳炎是造成儿童听力损伤的常见原因，幼儿发病率高且易复发。由于婴幼儿无法清楚地表达，就会表现为抓耳朵、使劲摇头、哭闹不安，同时常伴随发热、呕吐、腹泻等，如果炎症没有得到及时有效的控制，很可能发展为鼓膜穿孔。听力检查时就会表现出听力严重受损。

临床治疗的手段以积极控制感染为主，必要时穿刺引流，如果急性化脓性中耳炎病程超过 6 ~ 8 周，病变就会累及中耳黏膜、骨膜或深达骨质造成不可逆损伤，往往需要手术治疗。因此，对于小婴儿发热时伴随着异常的哭闹，烦躁不安，应警惕化脓性中耳炎，必须及时就医。

♡ 乳突炎

如果急性化脓性中耳炎未彻底治愈，或致病菌的毒力很强，加上幼儿自身抵抗力低下，就会导致感染扩展至乳突，引起积脓，骨质融合坏死，引起急性乳突炎。乳突炎会导致听力进一步受损。患儿会因更加剧烈的疼痛而激烈哭闹，烦躁不安，常伴有高热，有的孩子会出现精神萎靡。

治疗的方法除积极应用抗生素外，部分病例需要行鼓膜切开术或乳突凿开术，以避免发生更加严重的并发症。

♡ 环境噪声

经常有家长担心"家里楼上正在装修，声音很大，是否会影响宝宝听力呢？"这里，我给大家一组数据参考：暴露于 90 分贝以上的噪声，就可能发生耳蜗损伤，如果强度超过 120 分贝以上，则可引起永久性聋！另外，由于长期遭受 85 分贝以上噪声刺激，也可以引起缓慢进行的感音神经性聋，主要表现为耳鸣、耳聋或对高频段声音的反应衰减。

因此，在听力发育的关键时期，要避免强噪声对听力的损伤。

如何尽早发现孩子的听力问题

♡ 新生儿听力筛查

出生后即存在听力障碍的新生儿，可以通过听力筛查来发现。听力障碍是常见的出生缺陷，而如果能尽早地发现并得到适当地干预，就能避免语言发育受到影响。因此，全世界各国都在广泛开展新生儿听力检查，我国更是将新生儿疾病筛查列入《中华人民共和国母婴保健法》规定的范畴。

根据调查，我国每 1000 名新生儿中，大约有 1 ～ 3 名听力障碍。同时研究结果也发现，如果听力障碍在 6 月龄前被发现，其语言理解商和语言表达商明显高于 6 个月后被发现者。不管听力损害的程度是轻度还是重度或极重度，只要能够在 6 月龄前被发现，同时认知能力正常，经过干预后语言能力都基本能达到正常水平。如果一个宝宝的听力障碍没有在新生儿期发现，一旦过了 3 岁还不会说话，就已过了学习语言最佳时机，孩子终生将存在不可逆的语言功能障碍，可能会导致社会适应能力低下和很多异常行为问题。

新生儿听力筛查一般在宝宝出生后住院期间完成。由于受到分娩、羊水吸收等因素影响，部分宝宝首次筛查未能通过，就需要在出生满月后到 42 天再次复查。如两次筛查未通过，或对于一些存在颌面部畸形或有听力损伤严重的宝宝，必须在出生后的 3 个月内接受听力学和医学评价。一旦确诊为听力损伤，要在 6 月龄前接受专业干预。

♡ 听力异常的可疑信号

由于后天的很多因素也会引起听力损伤，那么我们除了定期带孩子到儿保门诊进行听力检查外，日常有哪些异常信号必须要注意呢？

1 ～ 3 个月，在耳边大声拍手，宝宝没有任何反应，或是睡着时不能被大声惊醒；8 ～ 12 个月，听到熟悉的声音不会转头去找，或不会应和家里人说话牙牙学语；1 岁半，还不能说出一些很容易发音的字，比如"爸爸妈妈"，或无法完成常规指令；2 岁，如果不用眼看就不能按照说出的简单命令去做动作。

一旦存在这些可疑信号，一定要尽快去做检查。

为了更好地促进孩子听力发育，也便于异常信号的发现，日常家长可以采取一些有效的方法，对宝宝进行听力训练。

3个月以内的宝宝，可以在哄睡时由大人哼唱摇篮曲，或是在清醒的时候，播放一些稍有节奏感且声音不要太响的音乐。爸爸妈妈可以面对面地跟宝宝说话，语速缓慢，语调柔和，内容丰富："宝宝高兴吗？""宝宝想不想吃奶？""宝宝真是好孩子！"边说边观察孩子的反应。正常情况下，宝宝的眼神、表情会出现变化。

3个月以后的宝宝，已经可以寻找声源。可以用呼唤宝宝名字，或摇铃捏响的玩具发出声音，吸引宝宝头转向声音发出的方向。

6个月以后宝宝，可以让宝宝听一些欢快的儿歌，同时观察孩子的面部表情和动作。这个时候，宝宝已经能够跟随乐曲的节奏有丰富的表情变化，甚至会跟随节奏手舞足蹈。在这个年龄段，要多走多听，要经常带孩子到户外、公园、游乐场、商场等地方，有意识地引导孩子多听多看。此时，宝宝已开始学习说话，我们可以利用生活里常见的一些物品，可以是实物，也可以是彩色的形象卡片，练习指认，目的是将发出的声音与具体的事物对应起来，反复刺激、反复训练。

1岁以后，孩子往往就能说两三个词语了，我们要利用生活中的每一个场景，诱导其发音。比如，吃饭前我们可以说："宝宝想吃什么呀？"吃饭的时候可以问："肉肉好吃吗？"临出门前说："我们出去玩好不好？"然后观察孩子的反应。如果他可以清楚地表达自己的喜好和意愿，很可能采取不同的方式，比如简单地点头，或发出单音节的字，或直接指出某种食物，都是可以的。

2～3岁的孩子处于语言迅速发展期，孩子的词汇量越来越丰富，我们要尽可能多地利用孩子身边的人和事物，让他去听、去模仿，鼓励孩子多开口说话。比如由大人带着唱儿歌，和小朋友们一起念歌谣，模仿动画片里的人物说话等，都是很好的方法。

第九章

有时候长得丑真是病，腺样体面容了解一下

冬季是儿科门诊最忙碌的季节，也是很多幼儿呼吸道感染性疾病的高发季节。这天，一对爸妈带着一个八九岁的男孩子来就诊，这个孩子一坐到我对面，我就看出了问题。他一直不停地在抽吸鼻涕，用手揉搓鼻子，回答问话的时候，有很浓重的鼻音，同时我发现，孩子已经有了轻度的"腺样体面容"，表现为上唇较厚，上颚轻微前伸。经过对家长的询问，我得知，孩子从进入冬季开始，已经感冒三次了，每次除了体温波动，主要的表现就是鼻塞流鼻涕持续很长时间，开始是清亮的鼻涕，一周后就会变成黄色或黄绿色的黏稠鼻涕，伴随着严重的鼻塞，会出现用嘴呼吸，特别是跑跳运动和夜晚睡眠时，已经习惯了张口呼吸，夜间平躺睡眠的时候，还有很响的鼾声。孩子白天经常萎靡不振，已经因为上课睡觉被老师请了好几次家长了。另外，妈妈发现自己的儿子似乎"变得越来越丑"了。

经过检查，这个孩子诊断为慢性鼻炎、鼻窦炎、腺样体肿大，由此导致了鼻塞并张口呼吸，同时夜间睡眠受到影响，造成白天的疲惫和萎靡。我对家长说："由于长时间地用嘴呼吸，导致孩子的上腭弓太高，上颌前突，是你们觉得孩子变丑的原因。不是他真的变丑了，而是疾病对面部骨骼发育造成的影响。不过不用担心，我们只需要规律用药，控制炎症，缓解鼻塞，就能逐渐改善，但日常一定要重视对其已经习惯了的呼吸方式进行纠正，并且保证营养均衡，坚持体育锻炼，培养孩子良好的卫生习惯，有效预防上呼吸道的反复感染。"

不知道大家有没有见到过腺样体面容的孩子，典型的腺样体面容外表表现是这样的：上颌骨变长前突，上颚高拱，厚嘴唇，上

牙突出，牙齿排列不齐，面部缺乏表情，严重的被形容为"痴呆面容"。

腺样体面容一旦形成，除了严重影响容貌，给孩子的心理带来不良的影响，造成不自信、易退缩外，同时由于常常会存在鼻炎、鼻窦炎、反复呼吸道感染、睡眠障碍等一种或几种问题，因此对孩子的身体和学习都带来了很大的影响。

腺样体面容一旦形成就必须通过手术来改善，因此应做好预防！本章就从腺样体面容形成的原因、有哪些危害、如何预防以及治疗的时机和手段四个方面来进行讲解。

腺样体面容的成因和表现

我们常说的腺样体面容是如何形成的，具体表现是什么样的呢？

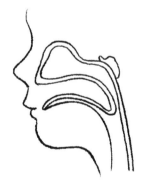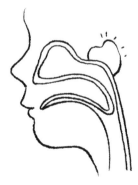

腺样体受到炎症的反复刺激后发生病理性增生和肥大，导致上气道严重堵塞，为了保证通气，孩子不得不张口呼吸，特别是平躺仰卧时更加明显。长期的张口呼吸使颞下颌关节的骨骼肌肉发生适应性改变，就形成了上面提到的特殊的面部外观，称为腺样体面容。

腺样体肥大分为生理性和病理性，往往有家族遗传史。

腺样体也叫咽扁桃体或增殖体，位于鼻咽部顶部和咽后壁，是人体淋巴组织的一部分，和扁桃体一样是人体的免疫器官。腺样体最早发育时是在胚胎的第 4 个月，出生后随着年龄的增长而逐渐长大，2 ～ 6 岁是增生最旺盛的阶段，10 岁以后就逐渐萎缩了，14 ～ 15 岁后达成人状态。这期间不存在任何疾病原因所导致的腺样体增大，称为生理性肥大，对孩子的身体健康不会造成影响。

但是腺样体增生旺盛的阶段，也是儿童身体各方面机能逐步发育完善的阶段，由于其自身对环境的适应能力差，加之免疫系统的不成熟，就极易出现感染、过敏等问题，再加上一些养育方法不当、营养不良等问题引起的经常"着凉感冒"。反复上呼吸道感染，咽部感染，腺样体就会因为反复炎症刺激，而出现增生肿大，这就是病理性增生肥大。与此相关的常见疾病有急慢性鼻炎、鼻窦炎、扁桃体炎、反复上呼吸道感染等。

由于幼儿的鼻咽部比较狭小，肿大的腺样体会严重影响鼻咽部通畅。最初的信号是睡眠时出现鼾声，伴随着阻塞加重，为了保证通气，孩子不得不张口呼吸，习惯了张口呼吸后，颌面部的肌肉骨骼发育异常，就形成了特殊的腺样体面容。

腺样体面容主要集中表现在三个方面：鼻唇、牙列和颌骨。

鼻唇异常表现为不同程度的小鼻、鼻中隔偏曲、上唇短而厚且翘起、唇外翻、鼻唇沟消失和开唇露齿等，这也是最早出现的特征；牙列异常表现为牙列拥挤、排列不齐、腭弓高拱、上下牙弓不匹配、咬合不良等；颌骨的异常表现为下颌后缩下垂、下颌角增大、或上颌骨后缩、下颌前伸（地包天）。同时还由于面部肌肉不易活动而缺乏表情，呈现"痴呆面容"。

腺样体面容的危害

腺样体肥大对孩子的影响不单纯是容貌外观的改变，还会影响孩子体质、身高、学习、性格。

由于病理性的增生肿大多伴随有腺样体的慢性炎症，是一个长期存在的感染灶，同时腺样体压迫堵塞咽鼓管开口，导致咽鼓管引流障碍，造成逆行感染，引起中耳感染，并发中耳炎，同时因为鼻子堵塞造成平躺时鼻涕向咽部倒流，刺激呼吸道黏膜引起阵发性的咳嗽，又极易出现气管炎和肺炎。这就形成了：感染—腺样体肿大—再感染—再肿大的恶性循环，孩子就总是生病，体质变差。

腺样体问题还会影响孩子身高。由于腺样体肿大后会引起睡眠障碍，表现为入睡困难，睡眠不安，打鼾，容易惊醒等。睡眠质量变差，特别是深睡眠受影响，同时睡眠时严重缺氧，会直接导致脑部供氧不足，从而引起促生长激素分泌减少，不仅影响对疾病的抵抗能力，容易反复生病，还直接影响了骨骼发育，进而影响身高。

腺样体问题还会导致孩子的学习能力下降。鼻塞和平躺时呼吸不畅都会导致大脑供氧不足，再加上夜间睡眠质量差，孩子就会表现为白天精神萎靡，注意力不集中，头晕头痛，记忆力下降，反应迟钝等。另外，由于严重感染，特别是严重的化脓性中耳炎，会损伤听力，出现听力下降和耳痛，也会使孩子的认知学习能力受到影响，学习成绩下降。就像我们文章开头讲到的那个孩子，因为几次上课时睡觉被老师"请家长"。

腺样体问题还会引发孩子的性格改变和心理问题。孩子比较容易急躁，爱发脾气，经常表现为烦躁激动。究其原因，主要是夜间睡眠差和脑部缺血缺氧。另外，由于鼻塞，说话的时候就会带有较重的闭塞性鼻音，再加上腺样体肿大带来的容貌改变，都会对孩子的自尊心、自信心产生极大的影响，甚至使孩子表现出社交畏缩、不合群、性格孤僻等。

腺样体面容的防治

对于腺样体肥大的预防，我们应从防治反复上呼吸道感染和鼻炎鼻窦炎两个方面来进行。

♡ 上呼吸道感染的科学认知

反复上呼吸道感染是导致腺样体肥大的主要原因，反之，腺样体肥大又是引起上呼吸道感染的常见原因。

反复呼吸道感染是儿科门诊常见病，是指一年内发生上、下呼吸道感染的次数频繁，超出正常范围。根据年龄、原因和部位不同，反复呼吸道感染又分为反复上呼吸道感染和反复下呼吸道感染，按照年龄和发作次数，反复上呼吸道感染判断标准是，0～2岁的宝宝每年患病超过7次，3～5岁的幼儿每年患病超过6次，6～14岁的儿童每年患病超过5次。但是需要排除一次感染迁延不愈的情况，要求2次感染间隔时间不少于7天。如果上呼吸道感染次数不够，也可以把患气管炎或肺炎的次数相加。

上呼吸道感染俗称为"感冒"。常见于婴幼儿和学龄前儿童，特别是在入托幼机构的最初阶段，是高发年龄段。超过80%的上呼吸道感染都是由病毒感染引起的，除此之外还与缺乏母乳喂养、养育方法不当、看护人或生活环境改变、缺乏锻炼、被动吸烟、环境污染、微量

李主任开小灶

由于超过80%的上呼吸道感染都是由病毒感染引起的，因此绝对不应滥用抗菌药物，否则会有加重感染的危险。对于反复上呼吸道感染，一定要做好预防！

元素缺乏或饮食结构不合理等因素有关。早产儿、低体重儿、营养不良患儿以及过敏性疾病患儿，是容易出现反复呼吸道感染的高危人群，还容易同时存在鼻咽部的慢性感染灶，如鼻炎、鼻窦炎、慢性扁桃体炎和腺样体肥大等。

治疗以寻找致病因素并给予相应处理为主，注意营养和饮食习惯，增强体质锻炼，护理恰当，养成良好的卫生习惯，预防交叉感染。在医生的指导下，如有必要，可以针对性地给予免疫调节剂。

♡ 怎样避免呼吸道反复感染

经常有焦虑的家长问我："孩子从上了幼儿园，就反复生病，有什么好的办法避免吗？"

要回答这个问题，首先要知道为什么小孩子容易生病。这要从自身因素、环境因素和养育因素三个方面说起。

第一个因素是自身因素。孩子的身体发育是一个逐渐完善的过程，在这个过程中，适应能力、调节能力和防护能力都容易出现问题。比如引发"着凉感冒"的一个因素就是温差的大幅度变化，孩子一时很难适应，引发疾病，因此我们就应该从锻炼孩子对气温变化的适应能力入手。俗话说的很有道理——春捂秋冻，但在锻炼的过程中一定要适度。合理的"春捂"是指春天穿衣慢脱慢减，随时保持孩子手脚暖和脊背无汗；合理的"秋冻"是说秋天穿衣慢增慢加，不要过早地给孩子穿上厚重的防寒衣物，让孩子时刻保持手脚前额温凉，头部无汗。

另外，幼儿自我防护能力差，除了适应能力的锻炼，*从小培养*

孩子良好的卫生习惯也很重要。比如规范的洗手方式、咳嗽打喷嚏时正确地遮挡以及擤鼻涕的科学方式等，良好的卫生习惯对减少病原体在孩子们之间交叉传播是非常重要的。用带有七步洗手法的绘本让孩子学会洗手，告诉孩子在打喷嚏和咳嗽的时候用肘部外侧遮挡住口鼻，手把手地教会孩子擤鼻涕的时候先捏住一侧，再捏住另一侧，不要同时按住双侧鼻孔，等等，这些良好的习惯，都需要家长让宝宝在入园前养成。

第二个因素是环境因素。比如北方四季分明，换季时昼夜温差大，春季户外花粉浓度高，夏季炎热紫外线强度高，秋冬季呼吸道传染性疾病高发，以及空气污染、室内螨虫等问题，都造成传染性疾病和过敏性疾病高发。因此除了锻炼自身的适应能力之外，还要为孩子做好日常防护，在疾病高发的季节不要带孩子到人流密集、通风差的场所，居室要定期开窗通风保持空气流通，夏季在室内合理使用空调，户外活动时做好防晒，对有明确环境过敏史的儿童避免接触过敏原。这些都是预防反复呼吸道感染的有效措施。

第三个因素是养育因素。不当的养育方式是造成孩子反复生病的重要因素。我把不当的养育方式总结为"四多四少"。什么是"四多"呢？食过饱，衣过多，保护多，清洁多；与之对应的"四少"，即活动少、日照少、粗粮少、细菌少。这样的养育方式严重阻碍了孩子自身适应能力的完善，接触正常环境的机会减少使其免疫系统无法尽快成熟，不合理的饮食结构和不良的进食行为又造成消化系统成熟延迟和营养不良。与"四多四少"相对应，日常应做到均衡饮食结构，适当进行适应寒冷训练，规律开展户外活动和避免清洁过度。

科学地养育是减少幼儿反复呼吸道感染的必要手段。

♡ 积极预防和应对鼻炎、鼻窦炎

另一个引起腺样体肥大的疾病是鼻炎和鼻窦炎。

引起儿童鼻炎的原因是多方面的，其中遗传、鼻黏膜易感、吸入过敏原、上呼吸道感染时不合理用药等，都会使鼻炎发展为慢性鼻炎或鼻窦炎。儿童鼻炎在临床上常见有感染性和过敏性两类。

先说感染性鼻炎。根据症状的持续时间，感染性鼻炎分为急性和慢性，其中，慢性鼻炎和鼻窦炎是引起腺样体肥大的常见原因。

急性鼻炎、鼻窦炎是鼻腔和鼻窦黏膜细菌感染后的急性炎症，症状持续 10 天以上，12 周内完全缓解。

如果急性鼻炎、鼻窦炎没有得到有效及时控制，就会发展为慢性鼻炎、鼻窦炎，引起鼻腔和鼻窦黏膜细菌感染后的慢性炎症，症状持续 12 周以上不能完全缓解甚至加重。患病的儿童会有鼻塞流涕、咳嗽头痛，同时还会有嗅觉和听力下降。长时间的张口呼吸和睡眠鼾声，还会导致睡眠障碍和行为异常。

在孩子出现急性鼻炎、鼻窦炎表现的时候应积极治疗，包括抗菌药物治疗和鼻子局部用药。使用生理盐水或浓度 2% ～ 3% 的高渗盐水进行鼻腔雾化、滴注或冲洗，对改善症状是有效的。

儿童鼻炎、鼻窦炎表现和普通感冒很难区分，而且延误治疗的

李主任开小灶

对于鼻炎、鼻窦炎的预防，主要是预防上呼吸道反复感染。

在此还要提醒家长：

由于在鼻腔中的鼻窦开口和咽鼓管分别与鼻窦和中耳道相通，如果在鼻塞流涕时采用了错误的擤鼻方式，就会造成炎症蔓延，导致化脓性鼻窦炎和中耳炎症，同时也会使鼻腔的炎性鼻涕倒流至咽部，引起咽炎和支气管炎。因此无论是孩子自己还是家长帮助，都要用正确的擤鼻涕方法。

错误的做法是用手绢或纸巾捏着双侧鼻孔擤鼻涕，正确的方法是分别堵住一侧鼻孔，两侧交替把鼻涕擤干净。

后果又很严重，因此一旦出现以下特征就应想到鼻炎、鼻窦炎的可能，就要及时到耳鼻喉科应诊了。

这些特征是：鼻塞流涕的症状持续 10 天以上不缓解，发热时伴有脓性鼻涕，咳嗽时有"吭吭"的声音，一年内多次患上呼吸道感染。如果出现这些信号，要及时带孩子到耳鼻喉科就诊，以免延误治疗。

再说说过敏性鼻炎。

除了感染以外，儿童过敏性鼻炎也会引起鼻炎、鼻窦炎。尽管文献报告我国儿童患病率为 10% 左右，但是随着过敏性疾病发生的增多，过敏性鼻炎也呈现为不断上升趋势。

根据症状持续时间，过敏性鼻炎分为间歇性（症状每周少于 4 天持续少于 4 周）和持续性（症状每周大于 4 天且持续存在大于 4 周）。根据严重程度和对生活质量的影响又分为轻度和中重度。轻度的表现症状较轻，对孩子日常的学习活动和睡眠没有明显影响；中重度的表现症状明显，对学习活动和睡眠造成很大影响。

过敏性鼻炎的表现有清水样涕、鼻痒、鼻塞、喷嚏等，如果这些表现有两个或两个以上，持续或累计时间每天超过一小时，就可以考虑诊断了。

李主任开小灶

过敏性鼻炎患儿有三个特有的表现：

一个是"变应性敬礼"动作，即孩子为了减轻鼻痒和鼻塞就会用手掌或手指向上推揉鼻子；

另一个是"变应性黑眼圈"，是由于下眼睑肿胀造成的下睑暗影；

还有一个是"变应性皱褶"，因为经常向上揉搓鼻子，鼻梁部位的皮肤表面出现横行皱纹。

临床上对于过敏性鼻炎治疗的方法包括抗组胺药物、鼻用糖皮质激素、抗白三烯药物、鼻用减充血剂和鼻腔盐水冲洗治疗。对于 5 岁以上明确为尘螨过敏的患儿，如果以上常规药物治疗无效的时候还可以考虑应用免疫治疗手段。

预防过敏性鼻炎一定要做到严格回避已知的过敏原，比如猫狗等宠物、羽毛、花粉等，同时又因为超过一半的过敏性鼻炎患儿存在对室内环境粉尘螨过敏，所以还应做好居室通风，经常晾晒衣物被褥，不使用地毯和厚重的窗帘，不玩毛绒玩具等。

已经发生的腺样体肥大怎么矫正

对腺样体肥大的治疗手段包括保守治疗和手术治疗。

保守治疗一定要在预防感染和过敏的前提下进行，主要是矫正张口呼吸。

李主任开小灶

因为睡眠时的张口呼吸有时候很难察觉，所以我们可以用以下几个简单的方法来帮助识别：

第一个是棉絮法或雾镜法，可以用一小段棉絮丝或小镜子分别置于孩子的鼻孔前和口腔外，看棉絮是否飘动或镜面是否有雾气，如果棉絮无飘动且镜面有雾气就怀疑有张口。

第二个是闭唇测试法，在孩子清醒的时候用胶布封住嘴唇，或当孩子熟睡的时候帮他轻轻抿上嘴唇，如果孩子挣扎甚至惊醒，就说明有阻塞。

第三个是含水法，让孩子嘴里含上约15毫升的水，如果不能坚持呼吸，也说明有问题。

如果家长发现孩子已经有张口呼吸了，除了需要随时提醒之外，还可以用唇肌功能训练和睡眠二分之一口罩的方法来纠正。比如让孩子进行抿嘴吹肥皂泡、吹纸青蛙、吹口琴或管乐器等，都可以达到唇肌功能训练的目的，在睡眠的时候用口罩遮挡住口唇也有助于纠正张口呼吸。

手术治疗方法主要是腺样体切除术，但由于腺样体对人体来说，有重要的保护作用，因此一定要在充分的专业评估后进行。

第十章 美丽的『天鹅颈』，不仅仅是好看的外表

一天常规的门诊日，一个爸爸怀抱着一个刚满月的宝宝来就诊。就诊的原因是从出生两周左右开始，孩子的脖子就习惯歪向一侧，强行干预扶正后，很快又偏过去了，而且这两天在孩子偏向的那一侧左边脖子上摸到了一个硬硬的肿块。家里人都很担心，赶紧来到门诊。

通过对母亲分娩史和孩子出生后情况的了解，我得知，这是一个足月分娩的宝宝，但由于新生儿体重偏大（出生体重4300克），妈妈历经四十几个小时，才成功自然分娩。宝宝出生后吃奶排便和精神反应都很好，就是在出生后两周开始，家长发现宝宝的头长时间偏向左侧，而且越来越明显。

体检时我发现，宝宝左侧胸锁乳突肌上，沿肌肉腱索方向，有一个橄榄核形状的肿物，皮肤表面没有红肿，摸上去孩子也没有异常的表现，只是宝宝的头很难倒向右侧。我对家长说，孩子脖子上的肿块名字叫"胸锁乳突肌血肿"，产生的原因很有可能是分娩时的损伤，损伤后在早期会对孩子的颈部活动产生轻微影响，但是随着出血的激化变硬，牵拉周围肌肉使得活动受限，导致头越来越歪。目前可以通过手法按摩帮助其改善，但前提是先要做检查，排除宝宝颈部有骨骼发育的问题。但是要注意，有部分肌肉的挛缩无法通过手法按摩修复，那就只能通过外科手术的方法解决了。

现在"天鹅颈"几乎已经成为优雅的代名词了，很多家长也都非常在意宝宝颈部发育的问题。

颈部的发育始于宫内，又受到分娩以及出生后发育影响。颈部形态出现问题，不仅影响美观，更重要的是如果头颈部功能障碍没有得到及时纠正，就可能导致生长发育延迟和心理及行为的异常。因此必须引起充分重视。

颈部发育问题中最常见的异常问题就是斜颈。本章将从斜颈形成原因和表现，以及如何预防和纠正几个方面，来讲述如何避免异常颈部问题，让孩子拥有"天鹅颈"。

斜颈的形成原因

斜颈，俗称"歪脖子"，是由各种因素造成的小儿两侧胸锁乳突肌活动障碍而出现头颈部偏向一侧，面部偏向另一侧，颈部转动困难或无法转动。

斜颈发生的原因很多，根据形成的时间，可分为先天斜颈和后天斜颈。

▷ 斜颈的科学认知

先天斜颈是与遗传、宫内发育以及分娩时扭转牵拉有关的；后天斜颈则是在生长发育过程中因为一些疾病问题、养育方法不当导致的。

根据病变部位不同，斜颈又分为肌性、骨性、脑瘫性、继发性和代偿性。

肌性和骨性多属于先天性斜颈范畴，其他的多为后天因素造成，其中肌性斜颈的发病率最高，每千名新生儿中，就有 3 ~ 5 名。

肌性斜颈产生的原因主要是宫内挤压和分娩牵拉。常见为增重过快的巨大儿，在子宫内长时间一侧颈受压影响了肌肉的协调发育，出生后就表现为头偏向一侧。查体时会发现偏向一侧的胸锁乳突肌纤维挛缩，发硬呈条索状，但局部没有明显的肿块。还有一部分是因为分娩时宝宝出头困难，在颈部扭转牵拉时引起肌肉的损伤，形成血肿，血肿机化后引起活动受限，查体时局部可以摸到柔软的可移动肿块，表面皮肤不红，也没有明显的压痛。

肌性斜颈一般都在出生后两周左右被家长或医生发现，如果得到及时治疗，80% 以上的患儿都会治愈。但是如果在早期得不到合理治疗的话，就会随着年龄增长逐渐加重，除了严重影响形象外，还会对孩子的心理和生活造成不良影响。

另一个先天性斜颈是骨性斜颈，是颈椎骨先天缺陷或发育不良造成的，很多存在遗传因素，但有报道称这与孕期母亲病毒感染也有关系。骨性斜颈患儿除表现为头颈部活动受限外，还会有脖子短和发际低等。当然仅凭临床查体是不易确诊的，要进行 X 线检查，看是否存在颈椎融合、畸形、缺如或脱位。

后天斜颈包括脑瘫性、继发性和代偿性。

脑瘫性斜颈，是脑瘫患儿由于脑部神经麻痹引起运动障碍而出现的颈部活动受限。临床上常见的脑瘫性的斜颈，还会伴有大运动发育落后，语言和认知发育落后等问题。因此这种斜颈的矫正必须在全身康复的基础上

李主任开小灶

怀疑因视力问题引起的斜颈，可以通过以下手法来鉴别：

将一副无镜片眼镜的一侧封住，让孩子带着这副眼镜只用一侧眼睛看东西，半小时后如果原先异常头位改善甚至消失，就提示斜颈的原因是视力异常。可左右交替进行测试。

也可以用被动转头的方法来进行。方法是大人的双手抱住孩子头部，让他向相反方向倾斜旋转，转动的时候无阻力就可能是视力问题，反之则要考虑先天性肌性斜颈。

进行。

继发性斜颈，多因颈部受损伤，产生炎症而造成软组织挛缩、颈椎脱位、骨折或某些疾病继发，在斜颈的同时也会存在原发疾病的表现。

代偿性斜颈是儿童比较常见的后天性斜颈，很多是由于不当的养育方式造成的，例如吃奶或睡眠时长期采取一侧姿势，看护人习惯将婴儿一侧竖抱，还有的是因为孩子存在斜视、视力减弱或听力异常引起的代偿姿势。这种代偿性斜颈主要见于幼儿期，而且在形成斜颈前，有一些异常信号会出现。日常如果家长发现孩子经常歪着头看东西或听声音，就要注意了。

还有一些单侧耳听力低下的孩子，由于要用另一侧耳朵接收声音信号，长时间习惯于用听力正常的耳朵倾斜向一侧去听，导致两侧胸锁乳突肌发育不均衡形成斜颈。这种听力异常引发的斜颈必须要经过听力干预才能改善。

斜颈的预防

既然斜颈会给孩子带来这么多的影响，而很多是由于宫内发育和出生后的养育方法不当造成的，那么如何做好预防呢？

♡ 日常的颈部运动训练

首先是孕期就要预防胎儿体重过大，包括合理膳食、适量运动和规律产检，大家可以参考前面的相关章节内容。

　　宝宝出生后，要避免一个体位保持太长时间，如长时间一侧吃奶、一侧睡姿和习惯一侧竖抱外，还应该根据年龄和发育情况，结合发育情况进行头部肌肉运动训练。

　　3月龄内，做俯卧抬头和竖头转头训练。在两顿奶间宝宝情绪比较好的时候，采取俯卧体位，大人用手支撑其胸部并做抬起放下颌的动作，随着颈部控制能力的提高，可减少支持，用玩具吸引其头部抬起并向两侧转动。根据情况每天可在早中晚各练 3 次，每次 5 分钟左右即可，如宝宝出现哭闹抵触，即停止。

　　3 个月以后，婴儿的头部控制能力已经很好了，应加强颈部自由转动训练。采取竖抱或独坐体位，用移动的玩具或人脸，从一侧到另一侧使其头部转动 180°。

　　随着大运动和精细动作的发育，日常颈部训练也应不断进步。如大人和孩子面对面，让他模仿大人做抬头低头和头部转动训练，将头抬到最大限度后再低头让下颌触到胸骨，反复 10 ～ 20 次，再保持眼睛平视，将头部从中间位置开始向左右两侧转动 90°，再从一侧转动 180° 到另一侧，同样反复 10 ～ 20 次就可以了。需要注意的是过程中动作缓慢，避免动作剧烈。

　　对于学龄期的儿童可以采取靠墙直立头顶书本向两侧转动头部的方式训练其颈部肌肉的协调性。方法很简单，但运动量应适度，以不让孩子感到疲劳并容易接受为原则。

　　♡ 儿童枕头的选择要用心

　　头颈部运动是否协调，与肌肉、骨骼和神经的发育有关，其间会受到先天发育、养育方式和疾病影响等很多因素干扰。睡眠方面，因婴幼儿睡眠和平躺时间较长，头部所占身体比例较大，颈部和头部的位置对颈部肌肉骨骼发育影响很大。经常有家长问我如何为婴幼儿正确选择和使用枕头。对于婴幼儿来说，合适的枕头对头颈部发育可以起到促进作用，但是如果选择不当，不仅会影响头颈部生理功能，还可能会造成某些发育畸形。那么，婴儿从多大开始用枕头呢？

　　3月龄内的宝宝颈背部的肌肉相对松弛，平躺时头、背和全身在同一平面，所以原则上没有必要使用枕头，但是如果床垫比较软，或为了溢奶时及时更换，可以用小毛巾对折两次垫在宝宝头下。3月龄后伴随着竖头能力增强，颈椎段出现向前的生理弯曲，此时，可以开始使用枕头。

　　枕芯的材质不应过软，过软起不到支撑的作用，也不应太坚硬，否则会影响宝宝的睡眠。

　　婴幼儿头部出汗较多，特别是睡觉时经常出现头部出汗浸湿枕头的现

李主任开小灶

　　关于枕头的高度，有一个非常简便的判断方法：

　　宝宝合适的枕头高度，以宝宝手握拳时拳头的高度为准。建议随着孩子长大，每3个月调整一次枕头的高度。

　　另外，枕头的长度应与婴儿的肩部同宽。

象，再加上吐奶后奶液污染，这样就极易造成病原微生物滋生，诱发湿疹和皮肤感染。因此，枕头材质应选择柔软透气，吸水性好，并尽量避免有可能导致过敏反应的，如化纤、丝质、羽绒等。同时必须注意枕巾枕套及时更换，彻底清洗，并经日晒或在通风处晾干。枕芯最好每 3 个月更换一次，并每周晾晒一次。

斜颈的纠正

♡ 按摩是首选治疗法

小儿斜颈一旦确诊，即应开始积极治疗。如果存在原发病，应首先针对原发病进行治疗，包括外科手术。其中，肌性斜颈的临床治疗效果是最好的，但是因为需要较长时间的治疗，就需要家长的耐心配合了，最佳的治疗年龄在 6 个月以内，而且年龄越小效果越好。

在治疗期间一定要注意纠正不正确的姿势，可以在平躺和睡眠时在孩子头部两侧各放置一个沙袋，以纠正头部姿势，在日常生活中（如喂奶、怀抱等），应采用与斜颈相反的方向，以帮助矫正。

大家居家进行手法按揉来促进斜颈恢复。方法有两个：

让宝宝侧卧，背向操作者，患侧朝上，操作者用拇指、食指和中指捏住颈部胸锁乳突肌上的肿块，顺着条索的走向，在肌肉上由上向下，再由下向上反复捏揉 20 ～ 30 次，并逐渐加大用力。手法正确，用力适当，肿块会慢慢变软，然后再捏住肿块左右拨动，每天两次，每次 10 分钟左右即可。

另一个方法是，在宝宝睡熟的时候，将一块小方巾用 50℃ 温水浸湿，拿出拧干后敷在颈部胸锁乳突肌上肿块部位，每天两次，每次 10 分钟左右，以增加局部血供而促使肿块软化吸收。

在临床上，常采用手法按摩的方法，尽管起效慢，但可以使轻度斜颈的孩子免于手术矫正。方法有推揉法、拿捏法、牵拉法和旋转法。

推揉法，是让患儿仰卧位或被竖抱直立位，操作者采用滑石粉作为介质，用食、中、无名指三指揉推患侧胸锁乳突肌处 5 分钟，重点在块状物或条索状处，目的是舒筋活血；

拿捏法，是采取相同的体位，操作者用拇指和食指的指腹捏拿、弹拨患侧胸锁乳突肌往返，每次 5 分钟，以松解其粘连；

牵拉法的体位也是相同的，操作者一手扶住患侧肩部，另一手扶住患儿头顶，使患儿头部渐渐向健侧肩部牵拉倾斜，逐渐拉长患侧胸锁乳突肌，幅度由小逐渐增大，在生理范围内反复进行 10 ～ 20 次，以改善恢复颈部活动功能；

旋转法的体位相同，固定患儿双肩，在完成了前面三个步骤后，操作者托住患儿头部向患侧肩部旋转 10 ～ 20 次，然后再接着重复。

在保守治疗方法中，中药外敷法和超声波治疗也都可以取得很好的效果。

在斜颈早期，也就是 2 岁以内，如果程度较轻的话，非手术的保守治疗方法确实可以取得满意效果，但是如果存在以下两个现象，就要考虑进行手术治疗了。手术的方法是胸锁乳突肌切断术。

第一个现象，是 2 岁以内的婴儿较早出现头、面部发育不对称的，应在出生后 3～6 个月进行手术，使头面部不对称畸形得到纠正；第二个现象，是 2 岁以后的幼儿和少年斜颈，已存在头面部不对称者，应进行手术治疗。当然，手术后也应在医生指导下进行头颈部肌肉功能锻炼，同时注意日常不良姿势的纠正，以达到最佳的矫正效果。

第十一章

要想宝宝皮肤好，从出生就要开始『保养』

这年北京的五月份最高气温已经飙升到了 35℃。骄阳似火的一天，门诊来了一位满脸愁容的妈妈，怀里抱着一个 2 岁多的小姑娘。脱去外罩后发现孩子的小胸脯和两个小胳膊的皮肤上布满了深深的抓痕，有的地方已经出血结痂，有的地方破溃红肿，简直是惨不忍睹！出于职业的敏感，我马上询问妈妈："这两天孩子都去哪儿玩了？"妈妈一脸后悔地告诉我，连续几天中午前后都带孩子到小公园玩，因为天气太热就只穿了一件吊带儿背心，第一天就出现了皮肤发红、瘙痒的症状，第二天明显加重，好多地方皮肤都抓破了。

这是一例典型的日照性皮炎，主要是由于幼儿皮肤屏障功能差，再加上家长在紫外线强度很强的时候，没有做好必要的防护。我给孩子开了止痒用的炉甘石洗剂和含有少量糖皮质激素的药膏。同时叮嘱妈妈，对于皮肤敏感的孩子，夏季外出应尽量减少皮肤的裸露，选择轻薄透气的衣服，且能够遮挡住四肢大部分皮肤，以起到防晒防刺激的作用；如果计划长时间在户外活动，还要选择防晒系数相对较低的防晒霜；夏季外出活动，应尽量避开紫外线强度较强的时间段，即上午10：00到下午2：00，要让孩子在树荫和背阴处活动。

妈妈非常担心这样的一次皮炎过程，是否会对孩子的皮肤造成不可逆的影响，比如留疤、色素沉着。我随即安慰说："婴幼儿的皮肤修复再生能力很强，即使短时间内会有一些色素沉着或色素脱失，但随着其皮肤的厚度增加，功能完善，是会逐渐消失的。当然，在此过程中，一定要注意日常保护皮肤的一些细节护理。"

像这样的例子不胜枚举，尽管所有父母都明白，皮肤不仅仅是"门面问题"，更是孩子身体的一个重要组成部分，而且其作用也非常重要，但是很多家长并不知道如何在日常生活中保护好这个重要的器官。

本章节就皮肤的生理结构及功能、婴幼儿皮肤的发育特点以及常见皮肤问题等几个方面，重点讲述如何做好保护好婴幼儿的皮肤。

皮肤的生理结构和功能

皮肤是人体最大的器官。为什么这样说呢？这要从生理结构和功能两个方面来讲。

皮肤对人体有着极其重要的保护、吸收排泄、调节体温及感受外界刺激的作用，维持着人体新陈代谢。

成人皮肤的表面积大约有 1.5～2 平方米，重量占体重的 15%，其结构也相对复杂，分为表皮层、真皮层和皮下组织三部分。

皮肤的表皮层没有血管，只有许多细小的神经末梢，起到防止体内水分蒸发、阻挡外界化学及物理刺激的保护作用，以及感觉冷、热、触、痛、压力等刺激的作用。真皮层是表皮层厚度的 10 倍，含有丰富的血管、神经、腺体和结缔组织，主要作用是支撑表皮和保护皮下组织。第三层是皮下组织，也是皮肤最厚的一层，也是皮肤发挥其生理功能的主要场所。丰富的皮下脂肪、血管、神经，以及大量汗腺、皮脂腺、毛囊都在这一层。

婴幼儿皮肤的发育特点

无论是皮肤结构，还是生理功能，都是一个逐渐完善的过程，皮肤的形成到成熟需要经历从胎儿期到 2 岁近 3 年的时间，这期间皮肤出现问题如果没有及时干预，就会导致皮肤被破坏，严重时会危及婴幼儿健康发育。

那么，婴幼儿的皮肤特点是什么样的呢？

♡ 结构不成熟

婴幼儿皮肤结构不成熟，不仅表现在表皮和真皮结构的不成熟，同时其中的汗腺、毛细血管网和神经网络，与成人相比都有显著差异。婴幼儿皮肤角质层厚度比成人薄 30%，表皮厚度薄 20%。早产儿的表皮则更薄，真皮层的胶原纤维稀疏，缺乏弹性，容易因摩擦受损。所以直接接触皮肤的衣物应尽量柔软，以减少对皮肤的刺激。

尽管皮肤汗腺在胎儿期的 6 个月左右就形成了，且总数不再增加，但其功能全面成熟要到 2 岁以后，这就导致了婴儿汗腺的密度远远大于成人，但对汗液的排出能力却远远不够。这也就是孩子容易生痱子的原因。所以，家长应特别注意环境温度的调整和皮肤的清洁。

♡ 更新速度快

出生后的第一年是皮肤更新速度最快的一年。在孩子 2 岁左右时，皮肤更新速度就接近成人了。

特别是在出生后的前 3 个月，婴儿皮肤脱屑的速度很快，主要表现在面部和前臂，造成这些部位的皮肤更加薄嫩，且经常有微小的破损，一旦不及时修复，就有皮肤感染的可能。

因此，对孩子重点部位的皮肤要做好随时清洁，并涂抹保湿护肤品。

♡ 屏障功能不全

皮肤的屏障功能主要是防止环境因素中的各种刺激对机体产生进一步伤害。

婴幼儿皮肤表面积和体重之比是成人的 3 ～ 5 倍，同时皮肤薄嫩，不仅有害物质经皮肤渗透更直接、更容易，同时对外界刺激的反应也更强烈。

因此，婴幼儿容易出现皮肤感染和过敏反应，在日常护理时应慎重使用护肤品，并保持皮肤的完整。如需皮肤外用药一定在医生指导下使用。

♡ 易受紫外线伤害

皮肤中的黑色素可以减少紫外线穿透，但婴幼儿经常暴露部位的皮肤中黑色素的含量显著低于成人。本来皮肤薄嫩，黑色素含量又少，因此婴幼儿皮肤对紫外线防护能力弱，更容易被晒伤，出现日照性皮炎。

因此，在户外活动时，应根据紫外线强度做好必要的防晒措施，如遮阳伞、遮阳篷和衣服、帽子等，如须在紫外线强度较强的时间段在户外长时间停留，也可以涂抹适用于婴幼儿皮肤的防晒霜。

♡ 特殊部位防护

除了皮肤发育常见问题的影响，婴幼儿还存在一些特殊的部位，皮肤很容易受到额外的刺激，常见的有臀部和皮肤皱褶较多的颈部、腋下及腹股沟等。

红臀和尿布疹是常见问题。因为此部位皮肤经常处于潮湿且不透气的环境中，并且大小便分解释放的氨以及其中含有的细菌，是导致红臀和尿布疹的原因，严重时可继发皮炎和皮肤化脓性炎症。

皱褶较多部位的皮肤同样会受到汗液刺激，一旦不及时清洁并保持干燥，就会造成皮肤感染发生脓疱疹。

宝宝常见皮肤问题的解决方法

正是因为婴幼儿的皮肤发育存在很多问题，所以经常会出现一些状况。下面就介绍几种常见皮肤问题的解决方法。

♡ 湿疹

婴儿湿疹是一种常见的由内外因素共同作用引起的皮肤过敏性炎症。

皮疹的形态是多种多样的，以丘疱疹为主，有渗出性和反复性的特点，皮疹部位瘙痒剧烈，常常会因搔抓引起继发皮肤感染。

引起湿疹的内在因素主要是婴幼儿皮肤基础差，外在因素最常见的是与食物过敏有关。比如婴儿牛奶蛋白过敏，鱼、虾、牛羊肉、鸡蛋等食物致敏；其次还有机械性摩擦，吐奶和口水刺激；另外一些外在因素，如阳光、紫外线、寒冷、湿热等物理因素；或接触人造纤维等织物，以及外用药物以及皮肤细菌感染等均可引起湿疹。引发湿疹的一个常见原因还有护理不当，如洗澡次数过于频繁、过多使用碱性较强的皂液、进食热量过多的食物等。

临床上，根据皮疹的形态和部位，将湿疹分为三型。一是脂溢型，多见于1~3个月婴儿，患儿前额、颊部和眉间皮肤潮红，被覆黄色油腻性鳞屑，头顶可有较厚的黄色液痂，严重时，颏下、后颈、腋下及腹股沟可有擦烂、潮红及渗出；二是渗出型，多见于3 ~ 6个月婴儿，患儿双侧面颊可见对称性小米粒大小红色丘疹，间有小水疱和红斑，底部水肿，片状糜烂，有黄色浆液渗出；三是干燥型，多见于6个月~ 1岁婴儿，表现为丘疹、红肿、硬性糠皮样鳞屑及结痂，常见于面部、躯干和四肢伸侧面。

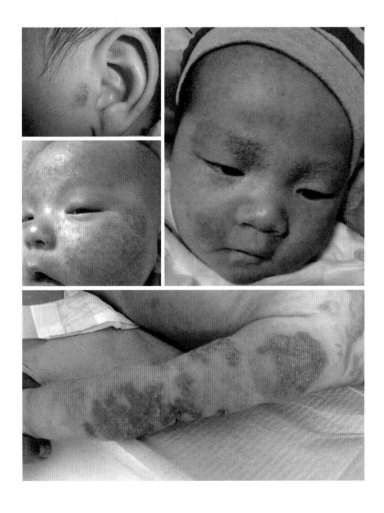

湿疹引发的剧烈瘙痒会让宝宝烦躁不安，哭闹不止，影响孩子睡眠，搔抓后一旦继发细菌感染又会导致皮肤化脓性炎症。因此一旦出现一定要积极处理。处理的原则是控制炎症，减少渗出，促进皮肤自身修复。可以外用湿疹膏，严重时需要应用含糖皮质激素的药膏，同时应强化对婴儿皮肤的保湿。

环境温度过高会诱发湿疹或使其加重，因此婴幼儿居室温度应控制在25℃左右，不要超过28℃。

洗澡不要太频繁，水温要适中，35℃左右为宜。冬季每周洗澡两到三次，患有湿疹的孩子，每周洗澡一次即可。夏季可以每天洗澡，但不建议每天使用沐浴液。同时，洗澡后应尽快擦干皮肤上的水分，并涂抹保湿乳液或保湿霜。

及时清洁宝宝皮肤上的汗液、奶汁和口水，并做好皮肤保湿。

患儿的衣物应选择纯棉质柔软质地，且宽松不勒紧，如果湿疹反复不愈，或同时还伴有腹胀、吐奶、腹泻或便干等情况，要考虑是否存在食物过敏，需要在医生的指导下进行针对性回避，才能得到改善。

♡ 痱子

痱子的学名叫作"热痱"，顾名思义，就是由于热导致的皮肤问题。

痱子产生的根本原因是幼儿皮肤薄嫩、汗腺不发达、排汗不通畅，造成汗液渗入皮下引起汗腺周围皮肤炎症。

主要表现为局部皮肤丘疹水泡，痛痒感明显，搔抓可以导致继发皮肤感染，严重时可造成局部脓肿、蜂窝组织炎或淋巴管炎。痱子好发于汗多且不易排出的部位，如皮肤皱褶较多的腋下、颈部和腹股沟，出现在汗腺周围的丘疹或水疱，瘙痒明显，如皮肤破损继发感染，可能出现皮肤红肿、皮温增高的现象。

痱子的处理原则就是**先止痒再抗感染**。常用炉甘石洗剂止痒，如皮肤有继发感染，可应用含抗菌药物成分的药膏治疗。严重时引起皮肤化脓性炎症或淋巴管炎，就必须由医生处理了。

李主任开小灶

痱子粉使用方法：

使用前应清洁婴幼儿皮肤上的污渍和汗液，清理后彻底擦干，然后涂抹痱子粉。

注意不要大量涂抹，薄薄一层即可。

涂抹后需随时注意，如局部痱子粉形成粗硬的颗粒，需马上清理，洗净擦干后，可以再次涂抹。

痱子高发于气候闷热的夏季，因此应从控制环境温度、湿度入手，进行预防。建议居室温度不要超过28℃，湿度不宜超过60%，并定时通风。

夏季应给宝宝穿着贴身吸汗良好的衣服，同时皮肤皱褶较多处要尽量暴露，比如腋下、颈部和腹股沟等处。衣服的材质应尽量柔软，避免粗硬，摩擦皮肤。

饮食方面应增加粗粮比例，多吃黄色或深绿色蔬菜水果，在膳食营养素中，B 族维生素、维生素 A 对维持皮肤的正常功能又有很重要的作用，这两类维生素广泛地存在于粗粮、谷物、黄色或深绿色蔬菜水果中。

夏季应适当增加洗澡次数，以保持皮肤清洁。重点清洗皮肤皱褶较多处。很多家长用痱子粉预防热痱，是完全可以的，但应注意正确使用，否则也可能会对局部皮肤造成损伤。

♡ 胎记

讲完常见的两个皮肤问题，我想跟新手爸妈聊一聊胎记的处理。

新生儿胎记的发生率在 10% 左右。大部分胎记，只是影响美观，并不存在严重的疾病问题，但即使影响美观，也是不容忽视的问题。胎记如果长在面部、手脚等比较明显的部位，可能会在孩子成长过程中影响其心理健康，使孩子自卑、内向，严重时还会产生社交障碍。除了影响美观之外，有些胎记还提示我们要注意是否存在其他身体器官的疾病。

胎记中常见的是鲜红斑痣约占胎记总发生率的 1/3 左右。表现为大小不一的淡红色的斑疹，多出现在后颈部、两眼中间、前额以及眼睑处，随着孩子不断长大，多数会逐渐消失。

第二种是蒙古斑，也是很常见的，一出生就有，常见于臀部、腰部，多为淡蓝色、蓝灰色或蓝黑色。这种胎记看上去像是一片瘀青，在黄种人中比较常见，通常在学龄前就会消失。

第三种草莓样的血管瘤，通常会出现在面部、头皮、背部或者胸部，多数是红色或者紫色，一般在出生以后的几周之内形成，可能不突出皮肤，也有的稍微高出皮肤形成草莓状柔软的肿块，虽然不会自然消失，但对健康没有影响。

还有一种血管瘤是海绵状的，它就像充满了血的浅蓝色的海绵组织。通常出现在头部或者颈部的皮下。如果瘤体比较深，上面覆盖的皮肤看起来没有什么异样，一般会在青春期前消失。

另外还有咖啡斑、色素痣等，需要根据出现部位及数量大小来决定处理时机。

对于胎记处理的大致原则是，范围大或迅速生长，长在面部严重影响美观，或者是在眼口鼻和关节等处严重影响功能的，都需要及时处理。目前儿童皮肤科对于先天性胎记的处理，方法很多，但必须根据孩子年龄、胎记的性质来严格制定治疗方案。

宝宝的皮肤如何保护

婴幼儿皮肤的特点决定了日常皮肤的保护要从保证发育所需的营养、及时正确清洁以及注意防晒几个方面入手。

♡ 营养均衡

均衡的营养摄入，是保证皮肤健康发育的基础。那么怎样才算均衡呢？

2016年，中国营养学会颁布了《中国居民膳食指南（2016）》，包括从孕期到婴幼儿期和学龄前期、学龄期不同年龄段的营养建议。单独从皮肤营养的角度出发，建议孕期的准妈妈每天要摄入一定量的奶制品、豆制品、鱼禽蛋类和瘦肉，适量吃一些坚果，少吃肥肉、烟熏和腌制的肉食品，每天食盐的摄入量不超过 6 克，每天烹饪用油的量在 25 ～ 30 克，并且要足量饮水，每天饮水建议 1000 ～ 1700 毫升。

新生儿出生后 6 个月内建议纯母乳喂养，6 月龄后开始循序渐进添加辅食。针对 2 岁以上的所有健康人群，有 6 条核心建议：食物多样，谷类为主；吃动平衡，体重控制；多吃蔬果、奶类、大豆；适量吃鱼、禽、蛋、瘦肉；少盐少油，控糖限酒；杜绝浪费，兴新食尚。落实到我们每天的膳食主食应包括一些谷类粗粮和薯类、蔬菜水果、鱼肉禽蛋奶类、豆类及坚果类等食物应全面摄入，每天要摄入不少于 10 种的食物，每周不少于 25 种的食物。

▽ 日常护理基本功

想要做好日常皮肤护理，首先要做到：及时清洁，减少刺激，加强保湿。

婴儿皮肤的自身清洁能力非常差，特别是一些特殊部位，比如腋下、颈部、腹股沟和臀部，一旦不及时清洁就容易出现皮炎湿疹，所以要随时观察，及时清洁奶渍、口水和尿便。

清洁时用温水即可，避免使用碱性较强的皂液。减少不良刺激还包括不要过度保暖，衣物要柔软透气，色彩图案不要太鲜艳等。

在气候干冷的秋冬季节，建议使用保湿效果好的护肤霜，夏季可以使用相对清爽的润肤露为孩子的皮肤保湿，并注意足量涂抹。

♡ 做好防晒

婴幼儿皮肤的色素层发育非常不完善，对紫外线的抵抗能力很差，防晒非常重要。

首先应根据季节不同安排孩子外出晒太阳的时间。夏季户外活动应避开紫外线强度较强的10：00 ~ 14：00，并选择阴凉处；活动时要避免在阳光直射的地方停留过长时间，建议不超过两小时；外出时给孩子穿好防晒衣，戴好遮阳帽或坐在有遮阳篷的小车里。

由于婴幼儿的皮肤薄嫩敏感，在护肤品的选择和使用上应注意是否适合婴幼儿使用的安全产品，同时要具有很好的保湿功能，不油腻，容易清洗。

另外，建议在使用新的护肤品前，先少量涂抹在孩子的耳垂部位，如果24小时后没有任何的异常反应再大量涂抹使用。

涂抹防晒霜前应先保湿皮肤，再均匀涂抹。

在海边沙滩玩耍时每隔2个小时应再涂抹一次。

外出回来后防晒霜要马上清洗干净，并涂抹保湿霜。

　　如果在阳光强烈的户外活动超过 2 小时，或到水边、沙滩等紫外线强度超强的地方活动，必须要使用防晒霜。防晒霜的选择除了要适合孩子年龄外，还要注意防晒系数不宜过高，以免加重皮肤刺激，另外，大量使用前也要做好皮肤测试，确定无过敏后再用。

第十二章

做好这几点，宝宝头发浓密又健康

不是故事，是真事

　　我在儿保门诊解决的婴幼儿生长发育过程中出现的问题，其中很多是由于家长们的育儿方法存在误区造成的。

　　一天我接诊了一个6个多月的女宝宝，体格发育、运动和智力水平等各项指标都很好，但让家里人特别纠结的一件事就是，宝宝的头发又细又软，后脑勺还有一圈根本不长头发。他们非常担心："据说枕秃是缺钙的表现，孩子是不是缺钙呢？还有，她的头发会不会一直这样，如果小姑娘没有一头漂亮的头发，多难看啊！"我仔细询问了宝宝的喂养史，又进行了详细的体检，并没有发现异常问题。这时候，奶奶在一旁随口说道："我孙女的头发，自从满月剃了光头以后，就再没长起来。"我接着孩子奶奶的话说："这就是影响宝宝头发生长的重要原因！"

头发的发育，受到很多因素影响，主要包括遗传、营养以及皮肤毛囊的发育。小婴儿的皮肤非常薄嫩，毛囊也非常表浅，如果贴紧头皮剃头发，可能导致新生的毛囊被大量破坏，头发再生变得缓慢，同时，失去了头发保护头皮，也会容易受到外界的不良刺激，比如紫外线、干燥的环境和衣被的摩擦，又加重了毛囊的破坏。

我对家长说："宝宝的枕秃和缺钙没有关系，是长时间平躺摩擦影响头发生长造成的，随着孩子自主活动增多，会逐渐好转的。"我又再次强调了紧贴头皮剃光头的危害："头发不光有保护皮肤的作用，还能帮助散热、调节体温，所以，千万要记住再给宝宝剃头发时，一定要保留 0.5 ～ 1 厘米的长度。"

头发对人体有着调节体温、保护头部和头皮皮肤、防御紫外线等重要功能。通过汗液的蒸发和排出可以在环境温度过高时散热，在寒冷时保暖。头发自身有很好的弹性和拉伸性，对头部的保护起着重要的作用。头发不仅可以避免头部皮肤受到外界各种物理和化学环境刺激，还可以吸附重金属和病原体。

一般说来，宝宝出生后 6 个月内头发稀少并不意味着以后会一直稀少，这些俗称"胎发"的头发，大部分会在出生后脱落掉，然后随着皮肤内毛囊的发育，才开始长出新的头发。在此期间，做好日常的清洁和皮肤的保护就可以了。

反复和过多的刺激，包括头部出汗多、湿疹皮炎、人为因素造成毛囊破坏，比如文章开头提到的"剃光头"，都会影响头发的发育。

头发形态和生长异常的原因

决定孩子头发的发量和颜色的主要因素是遗传因素，其次是营养和疾病。

因此，如果在头发枯黄细软、脱发易断的同时，还存在喂养困难、挑食偏食、皮肤粗糙、反复生病以及生长发育落后等问题，都提示我们应进行进一步检查，明确是否存在维生素 D 缺乏性佝偻病、维生素 A 缺乏或中毒等问题。

一些先天发育异常问题，也会导致毛发颜色和生长的异常。常见的有苯丙酮尿症、白化病和先天性肾上腺皮质增生症。

苯丙酮尿症是一种常染色体隐性遗传病，是由基因突变导致的苯丙氨酸代谢异常，属先天代谢性疾病。特征性的表现就是出生后头发呈金黄色或浅黄色，或由黑变黄，同时还有智力低下、皮肤白皙、反复湿疹、尿液和汗液有鼠尿臭味。

白化病是一种遗传性疾病，不同分型的遗传方式不同，可以是常染色体隐性遗传，也可以伴随性染色体隐性遗传，是由基因突变引起酪氨酸酶先天缺陷导致的。新生儿出生后就表现为皮肤、头发和眼睛的部分或完全色素脱失，除头发色浅外，还会有皮肤和虹膜颜色异常，常常因色素脱失所以对紫外线敏感，容易出现日光性皮炎、皮肤肿瘤和眼病。

肾上腺皮质增生症是常染色体隐性遗传病，男孩和女孩发病率无差异。临床主要表现为肾上腺皮质功能不全、水盐代谢失调和性腺发育异常，患病的女孩出生后就会有轻度男性化表现，呈现出毛发异常增多。

这些先天异常都会在婴幼儿早期出现除毛发发育异常之外的一些问题，通过新生儿疾病筛查可以早期发现，因此临床诊断并不困难。

除受到遗传因素影响外，头发的生长发育需要全面的营养保证和科学的日常护理，但我也经常会发现家长们被一些所谓的"偏方"误导，不但没有起到促进头发健康生长的目的，反而会对孩子造成伤害。

以下从头发生长的规律、如何保证发育所需的营养、日常护理的注意事项几个方面，来教给各位家长漂亮健康头发的养成方法。

一头秀发的养成

♡ 头发生长的基本规律

胎儿在子宫内 4 个月大的时候就会长出胎毛，出生后毛发的发育阶段会历经胎发、柔发，最后才会演变成永久发。这个过程的时间快慢不一，一般的规律是：出生后的半年内要经历至少 1 ~ 2 次头发自然脱落，并长出新的毛发；半岁以后，头发的生长又进入了另一个阶段，会脱掉全部胎发，长出永久发，开始稳定的周期性生长。

有些宝宝在妈妈的子宫内胎毛就会慢慢脱落，如果脱落较少，出生时的头发就会显得多，如果脱落较多，就会显得头发稀疏，这与孩子长大后头发的多少毫无关系。

进入稳定的生长周期后，头发每天平均生长速度是 0.03 ～ 0.05 毫米，夜晚的生长速度比白天快，春天和夏天的生长速度比冬天和秋天快，一年当中 5 ～ 6 月的生长速度最快。

婴儿出生后的头发生长通常是从额头和头顶部分开始，各区域的生长速度非常不一致，所以看上去会显得长短不一，多少不均，这种情况会持续近一年的时间，因此不必太过担心，通常在出生后半年左右头发才会逐渐生长。

♡ 营养均衡是基础

头发健康漂亮的基础是均衡的营养。很难说一种单一的食物会对头发的发育有好处，所以要按照本书中反复强调的婴幼儿期、学龄前期和儿童期的膳食均衡原则来合理安排孩子的一日三餐。

对头发发育必不可少的营养素有蛋白质、矿物质、维生素 A、维生素 D 和 B 族维生素。优质蛋白质可以改善头发质地，提升光泽度，可以让孩子从奶制品、瘦肉和豆类食物中摄取。锌、铁、铜等矿物质可以促进头发健康生长，富含这些元素的红肉、鸡蛋、绿色蔬菜、坚果、五谷杂粮等食物都是很好的选择。维生素 D 和维生素 A 都有保持头皮健康的作用，还要让孩子有充足的户外活动，接受日光照射。在饮食方面可以从肉类、海产品和动物肝脏、黄绿色蔬菜水果中摄入 B 族维生素，调节头部皮肤的油脂分泌，有助于保持头发健康、柔软和滋润。要多吃绿色蔬菜、番茄、花椰菜、香蕉等。

在儿童期，影响头发发育的营养性疾病常见为维生素 D 缺乏、维生素 A 缺乏和维生素 A 过多。

维生素 D 的主要功能是维持体内钙的代谢平衡以及骨骼形成，还影响免疫、神经、生殖、内分泌及毛发生长。儿童期缺乏维生素 D，除了会引起体内钙磷代谢异常导致生长期的骨组织矿化不全外，还会有多汗、易激惹、睡眠不安和枕秃等非特异性表现。因此建议新生儿出生后数日开始每天常规补充维生素 D400 国际单位，并有充足的户外活动，如果出现可疑症状应及时进行相关检查，必要的时候需要用加大剂量的维生素 D 治疗。

维生素 A 缺乏症是全球范围都存在的公共卫生营养问题。维生素 A 的生理功能是帮助构建视觉细胞的感光物质、影响上皮的完整性和稳定性、促进生长发育和维护生殖功能、维持和促进免疫功能以及影响造血。维生素 A 缺乏后会出现眼部疾病、皮肤干燥，以及毛囊角化引起毛发干燥、失去光泽且易脱落，同时还会导致贫血，使人易患感染性疾病。建议每日膳食中维生素 A 的摄取量为：婴幼儿 400 微克（约 1300 国际单位），4 岁以上 750 微克（2500 国际单位），青少年 800 微克（约 2600 国际单位），孕妇为 1000 微克（约 3300 国际单位），哺乳期女性为 1200 微克（约 4000 国际单位），如果摄入不足，可以应用维生素 A 补充剂。

但是如果一次性或短时间内摄入超大剂量，会引起维生素 A 过多症。急性过量是指婴幼儿一次剂量超过 100 000 微克（300 000 国际单位）相当于常规剂量的 250 倍，症状表现为过度兴奋、头疼呕吐、小婴儿囟门隆起。慢性过量是指每天摄入 15 000 ～ 30 000 微克（50 000 ～ 100 000 国际单位）相当于常规剂量的 37.5 ～ 70 倍，持续 6 个月或以上，会出现低热多汗、体重下降、皮肤干燥、脱屑皲裂、毛发干枯、脱发以及皮肤黏膜损伤、骨痛肌肉痛等。

▷ 重视头部的日常护理

头发的生长过程中，应该避免各种不良刺激，做好科学的护理，包括正确的清洁、梳理和防晒。

头部是婴幼儿汗腺最发达的部位，因此小孩子出汗经常表现为"头出汗"。汗液的刺激会引起局部的瘙痒，感染引起皮炎，因此需要保持头部皮肤清洁。洗头时应选用婴儿专用洗发液，手法轻柔，按摩头发，不要揉搓头皮，然后用清洁的温水冲洗干净。

建议给儿童梳理头发时，使用橡胶或软木材质的梳子，柔软有弹性，不会损伤头皮，要按头发自然生长的方向梳理，不要强行梳到一个方向。

▷ 头部皮肤疾病要科学治疗

一些头部皮肤的炎性疾病会直接破坏毛囊影响头发的生长，或形成瘢痕使毛囊消失而引起脱发。婴幼儿和儿童常见的头部皮肤问题有：头部湿疹、脓疱疹及各种真菌引起的头癣，均应早期发现，明确病因，针对性治疗。

头部湿疹常常发生在 1 岁以内的婴儿，多伴随着全身湿疹。宝

李主任开小灶

牛奶蛋白过敏的宝宝，大部分都会存在头面部湿疹，一旦明确存在过敏，即应采取有效手段进行过敏原回避，避免损伤加重。

宝因瘙痒会烦躁哭闹，皮肤抓破后又会引起继发细菌感染，更加重了皮损。头部湿疹严重的孩子，局部的毛囊发育会受到严重影响。头部湿疹严重时要在医生指导下用药，必要时应用含糖皮质激素的药膏治疗。

脓疱疹是一种皮肤化脓性炎症，可见于湿疹或热痱破溃后的感染，也可见于毛囊因分泌物堵塞后的继发感染。处理方法是及时清洁皮肤、清除疱疹分泌物、应用皮肤消毒剂或含抗菌成分的药膏治疗。

真菌感染引起的头癣，主要以预防为主，要确保儿童的衣帽、毛巾、枕头、被褥的清洁卫生，不和成人的混用。真菌感染的表现是从头发根部皮肤发红开始，慢慢形成毛囊性脓疱，干燥后结成黄痂，皮损慢慢增大，黄痂扩大融合，变厚，中心凹陷，此处的皮肤会萎缩，毛囊被破坏，头发脱落，必须积极进行药物治疗。

♡ 不要轻信生发偏方

很多家长会上网搜集一些"生发偏方，乌发秘方"，我因此也做了一些功课。

这些"偏方和秘方"大致分为两类：一类是外用，最常见的是生姜外涂、姜水洗发、淘米水洗发、苦丁桑叶侧柏水洗发、芦荟汁涂抹等；另一类是内服，比如黑芝麻、大枣、核桃仁、黑豆加蜂蜜等等，都被认为可以生发、乌发。

暂且不说这些方法是否适用于婴幼儿和儿童，仅就其原理来讲，无非是让头部皮肤毛囊保持清洁，避免油脂过度分泌，减少因汗液刺激引起的炎症，促进皮肤血液循环保证供血，饮食补充对毛发发育有益的各种营养素。这些通过日常护理和均衡饮食，是不难做到的。而且头发的密度和颜色受遗传和身体健康状况影响很大，因此任何一种方法都不可能有奇效。

另一方面，这些方法对成人的不良影响最多是无效，但对皮肤薄嫩、毛囊脆弱的儿童来说，可能会带来危害。与文章开头提到的事例类似的情况还有很多，但后果要严重得多，其中最常见的是外用方法引起的皮肤过敏和皮肤刺激性炎症，不但没有起到"生发"的作用，还导致了发育中的毛囊受损。

所以，一头浓密顺滑头发的养成需要从均衡膳食、科学护理、预防疾病几个方面来共同完成，而不是一个简单的"偏方"能解决的。

第十三章

胖瘦比例从小注定，三岁以内养成匀称身材

一天儿保门诊跑进来一个"小胖墩"。妈妈是因为发现最近孩子脸色有点儿发黄来就诊的。妈妈对我说："我儿子快2岁了，经常跟小区里其他小朋友一起玩，最近两个月，我发现他跟别的孩子站在一起，脸色会显得发黄，嘴唇的颜色也不好看，家里人一直觉得他长得又白又胖，不会有什么问题，但我还是很担心。"

我对孩子进行了体检发现，这是一个1岁10个月的宝宝，体重14.5千克，身高89厘米，BMI指数已经高于同年龄男童的97百分位，是一个肥胖儿。又详细询问了幼儿的喂养史和发育史，了解到孩子的出生体重4030克，出生后体重一直增长很快，6个月的时候，就已经达到10千克了，接近1岁孩子的平均体重。但之后的添加辅食存在很大问题，固体食物以米面类主食为主，最糟糕的是，从1岁开始，家里的老人就经常给孩子用大人吃的菜汤泡饭，老人发现孩子超级爱吃："每次都能吃一大碗！"在进行了相关检查后发现，果然，这个脸色发黄的小胖墩存在中度贫血。

这是一个典型的因为养育方式不当造成的肥胖儿，而且还存在营养不良性贫血。我看了一眼身材匀称的妈妈，说："孩子出生时就是巨大儿，本来就有肥胖的风险，因此在养育中就更应注意营养均衡和必要的运动。饮食中碳水化合物比例大，势必会影响蛋白质和其他营养素的摄入，同时菜汤泡饭是致命的问题，严重影响了孩子味觉形成，以至于孩子对其他食物毫无兴趣。现在要立即纠正这种错误的喂养方式。"在进行了喂养指导后，我还就如何通过运动来达到"减肥"的目的，给了家长很多建议。

每个家长都希望孩子有一个胖瘦适中、匀称健美的身材。但是大量的资料显示，我国儿童肥胖的发生率在显著增加，特别是在北方某些城市已经突破了20%的比例，严重影响着儿童的健康成长。以北京为例，北京小学生中肥胖儿童人数已经达到了20万。在世界范围内儿童肥胖人数的增加也引起了广泛重视。伦敦帝国理工学院和世界卫生组织进行的一项新研究显示，过去40年中，世界各地5～19岁的肥胖儿童和青少年人数增加了10倍。与之相反，因为疾病或不当的养育方式造成的消瘦，也是不健康的。

无论是肥胖还是消瘦，都存在着很大的健康隐患，同时由于生命早期的 1000 天的养育在很大程度上决定了儿童期和成年期身材胖瘦，因此家长们应从早期开始，在婴幼儿期为孩子奠定一生匀称身材的基础。

匀称身材的判断标准

决定一个人身材体型的因素有很多，其中最主要的还是遗传因素，其次是孕期和出生后的营养、运动以及疾病。又因为每个时期的生长速率不同，个体差异很大，因此在临床上判断身材是否匀称的指标也需要综合几个方面来分析。

身材的匀称度，是对孩子发育指标间关系的评价，与单独的身高和体重数值比较，可以更加准确地反映其营养和健康发育的状况。

体型匀称可以简单地理解为胖瘦是否合适，通常应用的衡量指标是体块指数（BMI），计算方法为体重 / 身高 ^{2}，如果数值超过同年龄同性别标准的 2 个标准差以上，即为超重，3 个标准差以上，即为肥胖，反之如果低于 2 个标准差，为偏瘦，低于 3 个标准差，为消瘦。

身材匀称一般是由下肢发育情况来决定的。衡量指标是坐高（顶臀长）/ 身高（长）的比值。不同年龄段的比值不同，0 ～ 2 岁是 0.67，2 ～ 6 岁是 0.62，6 ～ 12 岁是 0.65，青春期后是 0.57，如果差异很大即为不匀称身材。

每个孩子出生后的发育过程中，体重都是家长非常在意的一个指标，那么，什么样的体重增长规律是合适的呢？这里我给出几个简单的计算方法。

　　体重的千克数大致估算方法是这样的：

年龄	标准体重
算法一	
1～6 个月	出生体重 + 月龄 ×0.7
7～12 月	出生体重 +6×0.7+（月龄 −6）×0.3
算法二	
3～12 月	（月龄 +9）÷2
2～12 岁	年龄 ×2+8
算法三	
2～6 岁	年龄 ×2+8
7～12 岁	（年龄 ×7−5）÷2
算法四	
全年龄段	年龄 ×3+2

　　如果孩子的体重严重超标或严重落后，就要引起重视了。

　　对于身材匀称度的判断，不能简单地依据体重增长情况，要结合身高来计算。这里我用 3 岁男童的指标为例，教给大家判断的方法。

首先是体型匀称，即肥胖和消瘦的标准。根据我国的标准，3岁男童的体重中位数是14.65千克，身高中位数是96.1厘米。如果用身高/体重来计算，当身高96.1厘米时，体重超过16.72千克为超重，超过18.29千克为肥胖，低于12.34千克为偏瘦，低于11.56千克为消瘦；用体块指数（BMI，体重/身高^2）来计算，3岁男童的中位数是15.6千克，高于18.4千克为超重，高于20.0千克为肥胖。身材匀称的判断方法为，3岁男童的坐高（顶臀长）/身高比值如果偏离0.62很多，即为不匀称。

为了更好地监测婴幼儿生长发育，在儿童保健工作规范中有明确建议：出生后6个月内应每1～2个月做一次身高体重等指标的测量；7个月到1岁每2～3月测量一次；1到3岁，半年测量一次；3岁后，每年进行一次测量，根据测量结果进行评估。

儿童肥胖的危害

随着全球经济水平的提高和卫生医疗状况的改善，儿童消瘦发生的情况已经明显减少，但不断上升的儿童肥胖发生率已经成为不容忽视的全球性问题，因为伴随儿童肥胖而来的是多种影响健康的并发症，包括糖尿病和心脏病等疾病的早发、成年期持续肥胖和非传染性疾病风险加剧。

肥胖对于儿童的危害主要来自以下几个方面：

影响呼吸。特别是在睡眠时因其口咽部位的软组织过于肥厚，影响呼吸时空气的进出，导致睡眠障碍和睡眠时缺氧，进而造成白天精神萎靡、上课打瞌睡、注意力不集中、学习能力下降。

影响心脏功能。心脏为了维持全身的血流循环，要通过增加心跳次数和增强心脏肌肉的收缩力来增加血液的输出量，长期超负荷工作很可能使心脏功能受到影响。

影响血管弹性。长期过多的脂肪堆积会使血管变窄，逐渐硬化，阻力增加。肥胖儿童会较早出现高血压和血管硬化。

影响肺功能。肥胖儿童较正常体重儿童的身体需氧量和二氧化碳排出都增加，因此肺部的负担自然增加，但其胸壁的赘肉又会影响肺的扩张，尤其在运动时呼吸费力就尤为凸显。

影响新陈代谢。研究显示，有一半的肥胖儿童会存在高血脂和高胆固醇，大大增加了糖尿病、冠心病等非传染性疾病的发生风险。

影响身高发育。因为肥胖儿在运动中要克服更大的困难，所以大都有不爱运动、拒绝运动的问题，久而久之，会对孩子的整体发育产生影响。最常见的是影响身高发育。运动是促进身高发育的方式，由于肥胖儿缺少足够的运动，所以胖孩子的身高增长也往往会落后。另外，偏食甜食肉食，不爱吃青菜水果是很多肥胖儿不健康的饮食习惯。不均衡的饮食结构也会影响身高的发育。

导致营养不良、贫血、缺钙等问题。胖孩子和身材匀称的孩子

比起来，需要更多的营养素来供给发育和日常活动需要，因此会更容易出现营养不良。

增大患病可能性。肥胖儿童不仅在儿童期患儿童 2 型糖尿病、高血压、代谢综合征、性早熟的比例会明显增加，成年期后的糖尿病、高血压和冠心病的发病率较正常体重儿童发生的概率也会增加3～4倍。

同时肥胖儿还**面临很多的心理问题**。因为体型受到同伴的嘲笑，因为运动能力差导致无法很好地参与集体活动，都会对孩子的性格养成、心理健康造成很大的影响。

儿童肥胖的防治

对于儿童肥胖，原则就是尽早干预，从小预防，避免发生。

♡ 肥胖成因

说到预防和干预，首先要明确有哪些因素会导致肥胖。

遗传因素。如果父母一方肥胖，孩子以后出现肥胖的概率会比父母身材匀称的孩子增加 40%，如果父母双方都肥胖，概率会增加80%。所以，遗传是很重要的一个因素。

孕期因素。孕期妈妈患妊娠期糖尿病，出生体重大于 4000 克的巨大儿，在出生以后的 2 年内发生肥胖的机率大大增加。

不良饮食习惯。出生后的不当喂养行为和不良的饮食习惯会增加 20% ～ 40% 的肥胖风险，包括吃零食、喜食甜食和饮料、进食过快、饮食结构不合理等。

不良的生活习惯。不动少动，长期缺少体育锻炼，电子产品的过分依赖都会增加肥胖的风险。

不良情绪的影响。长期的心情压抑、焦虑不安也会导致肥胖的发生。

因此对于儿童肥胖的预防和干预，一定要尽早开始，从生命早期的 1000 天开始奠定一生匀称身材的基础。

♡ 终止儿童肥胖的具体措施

儿童肥胖已经在世界范围内引起了广泛的重视。2015 年联合国大会通过的可持续发展目标，就明确提出："预防和控制非传染性疾病是 2030 年可持续发展议程中的卫生挑战之一，在非传染性疾病的风险因素中，超重和肥胖尤其令人忧虑，有可能抵消许多有助于延长寿命的健康效益"；同时提出了《2013—2020 年预防和控制非传染性疾病全球行动计划》，要求遏制青少年肥胖的增加；还提出了《孕产妇和婴幼儿营养全面实施计划》，设定了在 2025 年之前儿童超重不再增加的具体目标。

为实现这些目标，2016 年的第 69 届世界卫生大会，提出了《终止儿童肥胖实施计划草案》。这个计划包含了六项具体措施，并要求全世界各个国家的政府实行监督并问责。这六项具体措施是：

促进儿童和青少年对健康食品的摄入，减少不健康食品和含糖饮料的摄入；促进儿童和青少年的身体活动，减少久坐行为；将预防非传染性疾病的指导与当前对孕前和产前保健的指导相结合并予以加强，以降低儿童肥胖的风险；在儿童早期提供健康饮食、睡眠和身体活动方面的指导和支持，以确保儿童正常发育，养成健康习惯；促进学龄儿童和青少年健康的学校环境，健康和营养认知以及身体活动；为肥胖儿童和青少年提供健康生活方式和体重管理的帮助和以家庭为基础的多元服务。

♡ 日常预防方法

控制肥胖应从胎儿开始，孕期妈妈应保持营养均衡、适当运动、规律产检、避免胎儿过大，并积极治疗妊娠期糖尿病和高血压。建议孕期妈妈体重增长不要过快，妊娠前 3 个月增重 1.5 ~ 3 千克，以后每周增重 400 克左右，整个孕期体重增加控制在 12.5 千克左右。

宝宝出生后接受纯母乳喂养至少 6 个月，会降低发生肥胖的风险。资料显示配方奶喂养的孩子发生肥胖的风险要比母乳喂养增加 20%，提倡孩子加了辅食以后仍要坚持母乳喂养直至 2 岁。

合理膳食是预防肥胖的关键。要保证每天主食里面有一定量的粗粮谷物，避免单一进食精米白面；每天应有相当于主食量 1.5 倍的蔬菜水果摄入；以奶制品、瘦肉和海产品提供优质蛋白质；避免摄入过多的脂肪，少喝含糖饮料，控制每日盐的摄入。

合理安排充足的体育锻炼，减少电子产品的依赖。每天运动不少于 1 小时，并尽量以户外活动为主。

定期监测体重也是非常重要的，当孩子出现体重超标或有不良趋势时应及时干预。干预的方法需要从控制饮食并调整饮食结构、加强运动及心理指导三个方面来进行。

▷ 宝宝减重期，父母怎么做

肥胖有一定的遗传性，但是更多的是"遗传"父母的不良习惯，这一点应引起我们充分的重视。调查中发现很多小胖墩的爸爸妈妈饮食结构不合理、不爱运动，因此我们通常建议"一家三口一起减肥"，这样才能达到最佳效果。

帮助小胖墩减肥首先要从饮食控制开始，但在严格限制能量摄入的同时还要保证生长发育需要。因此要减少淀粉类主食，不吃简单糖类和含油脂较多食物，如油炸类、糖果、含糖饮料等；不吃零食，以谷物粗粮为主食、选择瘦肉、鱼来提供蛋白质；每天保证4～6杯白开水。

同时还要改正不良进食行为，如进食过快，边玩边吃，吃饭时看电视等，将每餐时间控制在半小时，并细嚼慢咽。

许多小胖墩并不比体型正常的孩子吃得多，而是活动比其他孩子少，所以要减轻体重，增加运动消耗也是很重要的。要根据孩子的年龄和发育程度，保证每天不少于1小时的体育锻炼。充分利用孩子好奇心强和争强好胜的特点，选择适合其自身特点的运动项目，对孩子多鼓励多表扬。刚开始的时候，可以用孩子感兴趣又有成就感的活动来代替枯燥的大运动锻炼，如帮助家长整理房间、跟年龄相仿的小朋友进行运动比赛等，以此来激发锻炼的热情。

严格限制看电视、玩电子游戏的时间。18个月前，不建议接触电子产品，3岁以内每天不超过半小时，以后每天不超过1小时。

由于很多肥胖儿可能存在自卑、不合群的心理问题，因此必须做好心理疏导，要多鼓励他们参加集体活动，充分利用孩子的优点和优势让他获得成绩，取得成绩后要及时给予赞扬。

同时要注意定期进行体格发育指标的评估，以此指导进行干预。

如何养护身材消瘦的孩子

我们上面讲了很多肥胖儿童干预的问题，对于体重落后消瘦的孩子，也应引起足够的重视。

消瘦同样会严重影响儿童期以及成年后的身体健康。和体型正常的孩子相比，消瘦的孩子可能也存在一些疾病，例如先天性心脏病、严重贫血、微量元素缺乏症、食物过敏、反复感染等。如果存在这些因素，必须进行针对性治疗，才有可能通过膳食补充来达到促进体重增长的目的。

对于消瘦的孩子，除了要按照膳食金字塔要求合理搭配一日三餐外，还要注意增加能够提供较高热量和优质蛋白质食物的摄入，如淀粉类主食、肉类、动物肝脏等，同时要定期监测体重，并在专业医生指导下进行针对性干预。

由于出生低体重的早产儿和宫内发育迟缓儿在出生后 2 年内消瘦的比例大大增加，因此，孕期妈妈要重视营养合理，定期产检，有效预防孩子出生时的低体重和早产。

第十四章

告诉你决定身高的秘密，让孩子再长高 5 厘米

我在儿保门诊经常会接诊各种原因导致身高发育落后的孩子，其中有些是因为父母期望的偏差，有些的确存在问题。有一次，我接诊了一个 3 岁男孩，身高 92 厘米，体重 13 千克，看上去"又瘦又小"，除此之外，孩子很活泼，语言水平发育也很好，自己跑进诊室后还主动跟我聊了起来。后面跟进来的爸爸妈妈却似乎不太高兴，因为他们对我说，孩子从 1 岁开始，就出现了身高发育落后，现在已经明显比幼儿园同班小朋友矮了。我了解到，孩子的父亲身高 172 厘米，母亲身高 165 厘米（排除了遗传因素），宝宝出生时身长 49 厘米（又排除了宫内因素），出生后因为母乳不足改为配方奶喂养，但接下来的一年内反复出现湿疹和腹泻，导致 1 岁时身高

体重出现了落后。1岁后孩子出现了强烈的厌奶，完全拒绝喝配方奶。妈妈跟我说："孩子真的一口奶都不喝，我们尝试过鲜奶，也失败了，后来觉得他一日三餐吃得很好，精力充沛，爱跑爱说的，就没太强迫他喝奶，只是试着喝一点儿酸奶，所以每天的奶制品摄入大概200克。"爸爸又补充了一个细节："他虽然吃饭很好，但我们感觉是'吃得多拉得多'，大便每天好几次，到现在还是不成形的糊状大便。"

　　我对孩子进行体检后没有发现病理问题，但随后的血液检测提示孩子存在对多种食物的不耐受，特别严重的是各种牛奶制品、鸡蛋和小麦。这是导致孩子体格发育落后的重要因素。我提出了一些专业的指导建议，让家长对孩子的饮食做了调整。经过了一年的时间，孩子的各项指标已经接近正常水平。

　　越来越多的父母担心自己孩子"长不高"，每次体检的时候都要让护士反复测量几次身高，生怕测量有误差。尽管身高对一个人颜值的影响不言而喻，但是我们也应该清楚地认识到，影响孩子成年后身高的因素有很多，其中，最重要的是遗传因素，其次为宫内发育，另外就是出生后的成长发育以及疾病、环境甚至心理因素。因此，只要充分发挥优势因素，排除不良因素的干扰，**让孩子"再长高五厘米"是不难做到的。**

　　身高的发育会遇到两个生长的"黄金期"，其中一个是大家熟知的青春期，另一个就是不容忽视的婴幼儿期。出生以后的两年之内，身高发育是非常迅速的，2岁时的身高基本达到成年期的一半，所以我们一定要抓住孩子第一个黄金生长期。

本章我们就从婴幼儿身高发育的正常指标以及影响因素讲起，谈谈临床常见矮小的表现、诊断和干预方法，告诉家长们如何用科学的养育方法，促进孩子的身高发育。

你以为的"矮"不是真的"矮"

很多家长总是焦虑："我家的宝宝看上去就是比大部分同龄的孩子矮，是不是真的有问题呢？"很多情况下，家长认为的"个子矮"其实是孩子的生长发育节律造成的，并不是真正需要干预的"矮小"。从医学专业角度出发，"矮小"的诊断有严格的标准。

儿童矮小的定义是指身高低于同年龄同性别正常参照值的两个标准差或第三百分位。另外，身高的生长速率减慢，也应引起高度警惕，如果儿童期每年身高增加少于 4 厘米，就需要进行专业检查了。由于儿童矮小的原因很多是综合因素造成的，包括遗传、内分泌和疾病等，因此一旦明确诊断，就需要进行一系列检查。

临床上对儿童矮小的诊断是非常慎重的，首先需要明确与生长相关 3 个年龄：生活年龄（按出生日期计算）、骨龄（以左手正位 X 光片判断）和身高年龄（测量身高相当于某一年龄身高的均值），同时还要了解相同身高数值下正常的体重参照值，与之比较，最重要的是需要连续记录身高发育情况，以判断生长速度和生长趋势，及时发现身高发育开始偏离正常轨迹的时间点。

比如说，出生时体重和身长明显落后于同胎龄正常水平的小于胎龄儿，很可能因为出生后没有良好的追赶生长造成矮小；辅食添加后逐渐出现发育迟缓的，就要考虑营养和喂养因素；某次头部外伤后出现发育停滞或落后，要考虑继发性的生长激素分泌异常；如果父母矮小则需要详细询问三代的身高以判断矮小是遗传还是后天因素造成的。

除此之外，由于部分儿童矮小的原因是先天性疾病、代谢性疾病、以及内分泌疾病造成的，而一些疾病除表现为矮小之外，还伴有运动和智力发育落后、特殊面容和体态等。这些，都需要经过实验室的专门检查和详细查体来判断。因此，家长们不要把"个子矮"误认为是病而过分担心，过度干预，同时也应注意，如果孩子明确存在发育落后且伴随着其他异常信号，就要及时进行医学相关检查。

身高发育状况的判断标准

不同年龄阶段，身高的生长速度不一样，每个家长都应掌握身高指标的基本判断方法。

那么，身高发育的正常指标是什么样的呢？告诉大家一个比较简单实用的计算方法：

小宝宝出生后的前 3 个月，平均增长 11 ～ 13 厘米，大致相当于后 9 个月的增长总值；1 ～ 2 岁，增长 10 ～ 12 厘米，2 岁以后，平均每年增长 6 ～ 7 厘米；还可以通过身高（厘米）＝年龄 ×7+77，这个公式对 2 ～ 12 岁的儿童的身高进行评估。

如果爸爸妈妈还想预估一下宝宝成年后的大致身高，还可以通过按照父母身高计算遗传靶身高的方法来进行。具体方法是算出父母身高的平均值，男孩加 6.5 厘米，女孩则减 6.5 厘米。当然，这个方法得出的结论会受到诸多因素的影响，因此只能作为参考。

影响身高发育的因素

首先是遗传因素。身高的遗传度非常大，为 70% 左右。其次是种族和性别。另外，宫内发育情况也直接影响了身高发育，比如出生时的早产儿和小于胎龄儿，日后发生生长发育迟缓的概率会大大增加。

在后天因素中，营养当然是排在第一位的，还有必要的体育锻炼和充足的睡眠，都在身高发育中起着不可或缺的作用。

对于生长速度非常缓慢甚至倒退的孩子，还要及时排查疾病因素。例如反复感染、食物过敏或不耐受，以及一些先天性疾病、代谢综合征等。

在此还需要特别提醒各位家长注意的是，不要小看不良情绪对孩子发育的影响。一个整日不开心，生活在紧张或沉闷家庭环境中的宝宝，会因为生长激素的分泌减少导致"长不高"！

如何长高

前面讲到了决定身高的"秘密"。那么，家长们怎样做才能让孩子再长高 5 厘米呢？

♡ 营养均衡

首先要**保证孕期营养均衡，让宝宝在胎儿期发育好**。

很多准妈妈在怀孕的最初 3 个月，妊娠反应严重，什么都吃不下，这种情况下即使是吃了就吐，也还是要少量多次进食；还有的妈妈在怀孕前就挑食或是刻意节食，此时为了宝宝的健康发育，也应该抛弃不健康的饮食习惯。

同时还要规律产检，及时干预妊娠期并发症。因为像感染和妊高症这样的妊娠并发症，都会大大增加早产的风险，或造成胎儿的体重身长发育出现迟缓。早产儿和宫内发育迟缓的低体重儿日后发生特发性矮小的概率会增加 80%。

在后天因素中，要重点强调的就是营养。经常有家长问我："吃什么才能让孩子长得高啊？"我就用一句话来回答："不挑食不偏食，什么都吃，就能长得高！"

6 月龄内的宝宝优先母乳喂养并保证奶量充足，当孩子顺利地完成辅食添加以后，就要按照膳食宝塔的建议，保证膳食均衡。如何做到膳食均衡呢？要从"吃得杂，吃得准，吃得活"几个方面来讲。

李主任开小灶

"吃得杂"，有一个比较便于操作的方法是：

保证每日膳食的品种不少于 10 种，每周不少于 25 种，**这样就可以避免单一。**

"吃得杂"就是吃得全面，是要求食物种类的多样性。膳食宝塔中的每一层，代表一类食物，在孩子的日常饮食中，不仅应该包含各类食物，同时，每一类食物中涉及的品种，也要避免单一。例如主食要有五谷杂粮，肉类要有红肉、白肉，蔬菜要有根茎类，也要有绿叶菜。

对于已经成功完成辅食过渡的 1 岁以上的宝宝，为了保证营养全面，要注意食物搭配，每一类食物得按照一定的比例构成。主食是膳食宝塔的塔基，由最初的精米白面，要逐渐增加五谷杂粮；塔尖是油盐，逐层递减，中间按比例分布着蔬菜水果、鱼肉禽蛋奶。这样才能够做到营养全面。

李主任开小灶

为了满足营养素全面摄入的需要，出生后的前 6 个月要保证每日奶量为 800～1000 毫升，并优先选择母乳；

7～12 个月，奶量应该保证每天 800 毫升左右；

1 岁到 3 岁，奶量 500 毫升左右；

3 岁以后，每日奶制品应维持在 350～500 毫升。

"吃得准"就是保证均衡，要求营养素摄入量要均衡地分布在每一类食物中。在生长发育的旺盛期，每一种营养素都有重要的作用，很多微量营养素同样是必不可少的。只有均衡摄入，才能保证发育的全部需要。

同时，对于 1 岁以上的儿童，每天应有 50 克的蛋，50～75 克的肉和鱼，10～15 克的豆制品。为了给发育提供必需的能量，还要保

很多营养素会因长时间的储存和高温蒸煮而被破坏，因此，在食材的选择上，要做到尽量应季、尽量新鲜，食物烹饪时应做到："可生吃不煮熟，可完整不切碎，可低温不高温"的原则。

证每日一定量的油脂摄入。1岁以上的儿童，可以选择植物油或动物油，每天摄入20克左右的油脂。另一个能量来源是糖。大量的糖分存在于主食中，但应避免将精米白面作为长期的主食，要为孩子提供一定量的粗粮和谷物。这些粗粮不仅提供碳水化合物，还含有丰富的维生素和微量元素，对孩子身高发育起着重要的作用。

"吃得活"就是吃得合理。要根据孩子的年龄、发育状况、身体条件、季节特点、饮食习惯和作息规律、饮食的安排做出及时地调整。

结合季节的特殊性，孩子的食欲增加，应该做到循序渐进，不要在较短时间内大量增加饮食量，特别是对于辅食添加阶段的婴儿，应从少量开始，避免出现消化不良。

♡睡眠充足

说完营养，接下来必须要说的，就是睡眠。根据资料统计，我国婴幼儿睡眠障碍的发生率已高达35%，这直接导致了孩子的健康发育受到影响。

高质量的睡眠对保证身高发育的意义重大。深睡眠阶段是生长激素分泌最旺盛的时间段，此时睡不好就会直接影响孩子的身高发育。那么什么是高质量的睡眠呢？

一个好的睡眠包括足够的时长和良好的深睡眠。

月龄	清醒时间 （小时）	平均总睡眠量 （小时）	日间小睡总量 （小时）	小睡次数 （次）
未满月及1个月	5 ～ 60分钟	至少16以上	>5	无规律
2 ～ 4个月	1 ～ 2	15 ～ 18	3 ～ 6	3
4 ～ 6个月	1.5 ～ 3	14 ～ 16	4 ～ 5	2 ～ 3
6 ～ 9个月	2 ～ 3	14 ～ 15	3 ～ 4	2 ～ 3
9 ～ 12个月	2.5 ～ 4	13 ～ 14	3	2 ～ 3
1岁～1岁半	3～4（2觉） 4～6（1觉）	13 ～ 14	2 ～ 3	1 ～ 2
1岁半后	5 ～ 6	13 ～ 14	2	1

睡眠时长的个体差异非常大。很多孩子从新生儿期开始，每天睡眠时长仅有十二三个小时，但体重身高增长、运动智力发育都很好，家长也大可不必紧张。另一个是深睡眠问题。入睡后的两小时左右孩子进入深睡眠，而午夜12点前后是生长激素分泌最旺盛的时间段，所以一般建议孩子在9点左右就要上床睡觉了。有资料显示，如果孩子总是晚睡，两年以后孩子的身高会明显低于早睡的孩子。

♡ 体育运动

说完睡眠，再说说影响身高发育的另一个因素：体育运动。运动应强调的是两点，一是户外，二是强度。

为什么一定强调户外活动呢？因为每天 1～2 个小时的户外活动，不仅可以使孩子呼吸到新鲜的空气，外界温度和光线的刺激也是对孩子身心的发育有好处的。同时紫外线的照射又可以促进钙元素的吸收和利用，对身高发育有帮助。

第二个要强调的是运动必须要达到一定的强度，而不是轻松地遛弯逛街。按照不同的月龄每天进行 1 小时左右的具有一定强度的锻炼，对于身高发育是必需的。比如 1 岁以内的翻身、独坐、爬行；1 岁以后的上肢不负重运动，跑跑跳跳、单脚跳或者双脚跳；大一点的孩子可以进行跳绳、跳障碍物、纵向双脚跳等运动。体育锻炼中的打篮球、跳绳、引体向上、游泳等都是促进身高发育很好的项目。

♡ 情绪保护

大量研究已经证实，长期的压抑、忧郁或心理压力过大都会导致身高发育落后。精神上受到严重创伤的孩子，往往会表现出生长发育迟缓甚至停滞现象。

这主要因为人体通过垂体分泌生长激素，当受到严重的创伤或者长期的压抑、忧郁或心理压力过大的时候，下丘脑垂体系统的机能会受到抑制，使生长激素分泌减少。除了身材矮小以外，有的孩子还会出现多饮多食、自言自语、多动、人际关系不和谐等异常行为。

因此，我们一定要避免孩子心理、情绪反复受到打击，给孩子营造轻松的家庭氛围，对孩子多鼓励，不要训斥或呵斥。特别是在吃饭的时候不要呵斥孩子，这样不仅影响孩子对食物的消化和吸收，同时长期的重压对孩子的发育，特别是身高的发育有非常不利的影响。

♡ 预防疾病

最后讲讲会影响孩子身高发育的疾病。不仅某些先天性的疾病和染色体病会导致矮小，同时，**一些营养不良性疾病、反复感染、食物过敏、食物不耐受，也都会影响孩子身高的发育。**

如常见的严重贫血、维生素 D 缺乏性佝偻病、锌缺乏症、维生素 A 缺乏、蛋白质能量缺乏等，因此在生长发育旺盛的婴幼儿期，应定期评估并监测营养素和微量元素的摄入情况。如果孩子出现挑食偏食、面色发黄、口唇甲床欠红润、容易生病等情况，要及时干预和治疗，以免造成长期营养不良。

除此之外，反复呼吸道感染或慢性迁延不愈的腹泻，必然会影响到营养物质的吸收和利用，同时也会因身体反复生病对孩子的睡眠和心情造成不利影响，进一步加重了发育不良的后果，如果出现这种情况就必须及时就医，规范治疗。

在影响身高发育的疾病因素中，近年来发生率有明显上升的是食物过敏和食物不耐受，其机理是由于急性和慢性过敏导致的营养额外丢失和吸收不良。正如我在本章开头讲到的那个病例，特征性的表现是添加了某一类或某一种食物后，孩子出现了反复皮疹、呕吐、腹泻、大便干硬，甚至抗拒进食，或者从某一个时间段开始生长速率明显减慢或停滞。这些都提醒我们应进一步排查，只有在医生指导下回避过敏食物和不耐受食物，并选择替代食物，才能恢复正常的生长速度。

第十五章

○形腿和×形腿必须在三岁以内矫正

不是故事，是真事

常规门诊日的一天，诊室里一前一后走进来一对年轻的家长，在他们身后，阿姨抱着一个孩子。我注意到，这对年轻的爸爸妈妈满脸愁容。经过询问，我得知，宝宝1岁1个月，1岁左右开始能够不需要任何帮助自己走路了，但是家里人发现，孩子的小腿是弯曲的，而且走路还不稳。他们形容为"一拐一拐"的。大家越看越不对劲儿，全家人都是笔直的"大长腿"，于是担心这个孩子会不会是罗圈腿。

我一边听着家长的描述，一边观察着在诊室里蹒跚走路的小朋友。在此之前，我特意让阿姨把孩子的小裤子脱掉，在旁边保护着，让他到处走一走。这是一个体格发育很好的小男孩，活泼好动，对诊室里所有东西都充满了好奇心，都要去摸一摸、动一动，走路的姿势和下肢外观没有任何异常。我随即又给他进行了详细的查体，同时进行了简单的末梢血常规，25-羟基维生素D检测。在等待结果期间，我详细询问了孩子的出生情况，包括出生体重、母亲孕期营养、以及出生后一年内喂养方式、全天奶量、辅食添加种类、数量等，并且对孩子1岁前的生长发育情况进行了评估。

检验结果出来了，当我看到非常标准的检测结果时，对这对充满担心的家长说："孩子的发育很好，营养状况也不错，而且我没有发现孩子走路姿势和下肢骨骼发育有任何异常。你们所担心的现象，都是这个年龄阶段孩子正常存在的，没有O形腿征象。随着他自己下肢肌肉力量的进步，平衡能力的增强，就会像你们想象的那样走路了。"

当然，我随后又强调了在整个婴幼儿期，也就是3岁以内，是孩子骨骼发育的关键时期，应该充分保证营养素的均衡摄入，同时每天要进行一定量的大运动训练。如果发现一些异常问题，要及时咨询专业医生。

每个家长都希望孩子拥有一双健康笔直的大长腿，因为看起来会让孩子显得修长漂亮，但是很多孩子在成长的过程中由于一些原因，双腿出现了骨骼变形，最常见的就是O形腿和X形腿。

O形腿就是俗称的"罗圈腿"，医学上称为膝内翻；X形腿医学上的名称是膝外翻。这些腿型不仅影响了孩子的身材体态美观，如果不及时纠正的话，会导致膝关节承重时受力不均，身体重量过多集中于膝关节的一侧，继发骨性关节炎、关节痛，严重的还会影响正常的行走活动。

我们这章重点讲的 O 形腿和 X 形腿，是可以早期预防、早期发现和早期矫正的。如果错过了 3 岁前的黄金时间才进行矫正，难度会明显增加，而且效果也会受到影响。

那么，O 形腿和 X 形腿的产生原因是什么？临床上如何判断？如何预防？出现轻度骨骼变形后是否可以通过日常简单训练来预防进一步加重？我会在本章一一做出解答。

O 形腿和 X 形腿形成原因

双腿出现骨骼变形的主要原因有遗传因素、营养因素和养育因素。

遗传因素尽管并不多见，但是对于一些严重骨骼畸形且同时伴随有其他发育异常体征，如身材异常矮小、智力发育异常、反复呼吸道或肠道感染等，应该警惕。特别是家族中有类似病例，则需要在孩子出现异常信号时及时进行染色体和基因检测。例如，抗维生素 D 佝偻病，是常见的引起骨骼发育异常的先天性遗传性疾病，属于 X 染色体显性遗传病，女性发病多于男性，原因是患儿小肠对于钙磷吸收不良，从而很早就会出现 O 形腿、X 形腿、鸡胸以及生长发育迟缓。这样的 O 形腿和 X 形腿，是无法通过简单的日常训练和营养强化来纠正的，必须正规治疗。

营养因素中最常见的是维生素 D 缺乏导致体内钙、磷代谢异常。生长期的孩子骨组织矿化不全，如果产生骨骼病变，当病变积累到一定程度的时候，就会出现这种 O 形腿、X 形腿，以及肋骨串珠、

李主任开小灶

　　在这里我想给大家打破一个"谣言"。很多家长担心长期穿着纸尿裤会引起 O 形腿，到底会不会这样？

　　在此，我想告诉大家，使用纸尿裤与 O 形腿毫无关系。

　　但是，过早地扶婴儿站立、或让婴儿完成下肢过多承重的跳跃等动作，则会大大增加下肢骨骼变形的风险。

鸡胸等骨骼异常，我们称之为维生素 D 缺乏性佝偻病。临床上，常见于早产儿、出生低体重的小于胎龄儿、长期慢性腹泻患儿。对于存在症状的孩子，可以结合出生史、喂养史、发育史和血清钙磷水平、25- 羟基维生素 D 水平检测来诊断，干预手段包括营养强化、日常训练和骨骼发育矫正。

　　养育因素中，最常见的是没有合理补充维生素 D，户外活动严重不足，所导致的维生素 D 缺乏，因此"出生数日开始补充维生素 D"已经明确写进了婴幼儿喂养指南中。但是，由于养育人的知识水平高低不同，我在临床上，仍然发现有人忽视了婴幼儿维生素 D 的补充。长期缺乏带来的影响也就可想而知。

　　维生素 D 在人体内的内源性合成需要通过紫外线照射皮肤来完成。对于生长发育旺盛的幼儿，如果长时间缺少户外活动，或所在地区常年紫外线强度不够高，也会因此发生维生素 D 缺乏。

　　总之，如果孩子出生正常、营养正常、发育正常，就大可不必担心！

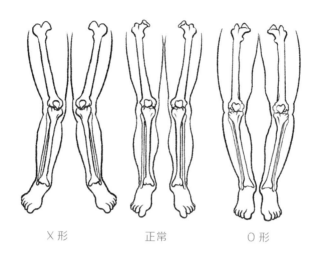

|X 形|正 常|O 形|

腿型异常的判断标准

首先是简单的外观判断。让孩子双脚站立，两个踝关节并拢，如果膝关节之间的距离大于 10 厘米，就是 O 形腿（膝内翻）。X 形腿刚好相反，当膝关节并拢时，双侧的踝关节不能并拢且相差大于 10 厘米，就是 X 形腿（膝外翻）。当然最终确诊需要通过 X 光片来完成。

但是需要注意的是，1 岁左右的婴儿，由于其骨骼肌肉力量不足，如果存在以上问题，完全是生理性的，是正常现象，不需要干预。就像我们本章案例中提到的那个宝宝，家长不要因此产生不必要的担心。当然，当孩子走路很稳以后，如果我们发现情况没有改善或有加重趋势，就应引起重视，必要时进行专业评估。

由于一些营养因素和疾病因素都会导致孩子出现骨骼变形，因此，在外观判断、放射线片检查的同时，还需要根据情况进行血液相关检查。例如血清 25- 羟基维生素 D 水平检测，充足的标准是 30 ～ 60 纳摩尔 / 升，21 ～ 29 纳摩尔 / 升考虑不足，如果小于 20 纳摩尔 / 升，即为严重的缺乏。除了维生素 D 水平的检查，需要参考的指标还有血清钙、磷水平和碱性磷酸酶活性，但是这些指标受孩子的饮食、营养以及其他多种因素的影响非常大，所以一般我们不把这些作为早期佝偻病的诊断。

另外，明确的诊断离不开出生情况、喂养情况以及发育情况的综合分析。如果一个出生体重偏低的早产儿，没有规律地强化维生素 D，没有强化钙磷等营养素，同时又缺乏户外日光照射的话，再结合外观改变，血液指标异常，就可以诊断了。

最后需要提醒的是，如果孩子除了骨骼变形，还存在发育迟缓、智力异常、反复感染等情况，就需要进行遗传性疾病的排查。

腿型异常的防治方法

♡ 饮食预防

饮食均衡全面，是保证孩子健康发育的基础。家长们应该知道，没有任何一个单一的营养素能够满足孩子骨骼发育的全部需要，因此按照膳食金字塔，结合孩子的年（月）龄，合理安排饮食结构，是必须做到的。

由于钙元素和维生素 D 在骨骼发育中起着非常重要的作用，本章就重点讲一讲这两个营养素。

不同年龄阶段，孩子每日钙元素的需求量是不一样的：0～6个月是200毫克，7～12个月是250毫克，1～3岁是600毫克，4～10岁是800毫克，11岁以上是1000毫克。

那么，日常食物中含钙量比较丰富的有哪些呢？首先是奶和奶制品，以每100毫升为统计单位，母乳含钙20～30毫克，婴儿配方奶48～100毫克不等，鲜奶是100～120毫克，这样就不难计算出孩子每天需要摄入的奶量。以母乳为例，对于一个6月龄内的小婴儿，只要保证每天奶量800～1000毫升，那么钙元素的摄入量就足够了。也就是说，只要奶量能够保证，是不需要额外补充钙剂的。另外，酸奶、奶酪、豆制品、海产品中含钙都比较丰富，芹菜、胡萝卜、油菜、蘑菇、黑木耳、芝麻也都是可以作为食物中良好的钙来源。对于开始辅食添加并逐渐规律一日三餐的儿童，可以从食物中获得钙元素。

再说说维生素D。维生素D在天然食物中相对含量不高，例如一些乳类包括母乳、牛奶、羊奶、禽蛋肉类中，维生素D的含量都是比较少的，鱼类里也仅有部分海鱼的肝脏维生素D含量比较丰富，我们常吃的谷物、蔬菜、水果里几乎不含维生素D。因为婴儿配方奶中都按照标准强化了维生素D，因此我们更加需要关注纯母乳喂养婴儿的维生素D补充，我会在之后的药物预防里讲到需要补充的剂量。

如果孩子存在一些特殊问题，例如反复腹泻、长期应用糖皮质激素类药物等，都会影响维生素D和钙的吸收和利用，此时，单纯的食物摄入已无法满足其需要，也建议在医生指导下进行药物补充。我们国家对于预防维生素D缺乏性佝偻病，在儿童保健工作常规中有明确的预防、诊断、治疗和随访要求，家长要按照儿保医生的提示，定期进行体格发育检查。

♡ 运动预防

除了外源性的补充，人体自身维生素 D 产生的主要来源是皮肤，皮肤中的 7- 脱氢胆固醇经过太阳中紫外线照射发生光分解生成维生素 D3。因此，**婴幼儿期应保证每天有充足的户外活动时间。**

由于不同季节、不同时间、不同地区的紫外线照射时间不同，因此建议选择适宜的时间和地点，既要保证孩子有充足的阳光的照射，同时还要避免晒伤。

以四季分明的北方为例。

建议炎热的夏季外出的时间要避开 10:00 到 16:00 紫外线强度比较强的时间段，同时应选择树阴下、楼之间等背阴处进行户外活动，每天 1 个小时左右即可。

冬季则应选择 11 点到下午 2 点，全天气温最高的时间段，在有阳光照射的地方进行 1～2 个小时的户外活动。

运动的另一个好处，是促进骨骼对钙元素的吸收。爬行、跑跳等大动作运动，可以有效增加骨骼中钙元素的储备。运动带来的另一个好处，就是使肌肉的力量得到锻炼，有效避免不良的承重对骨骼带来的损伤。

下面我给大家介绍几个简单的动作，不仅可以有效预防 O 形腿和 X 形腿，同时，对于已经有轻度异常的孩子，也可以起到改善的作用。

第一个动作让孩子站立，双脚并拢，两个手扶在膝盖上，跟随口令做下蹲起立的动作，根据孩子的兴趣每次可以做 10 ～ 20 个。

第二个，同样是站立时，让孩子弯腰，两手扶膝做环绕运动，分别向左和向右的环绕，也可以做 10 ～ 20 个。

第三个，孩子双脚平行站立，先以脚跟为轴做脚尖外展和内旋的动作，再以脚尖儿为轴抬起脚跟做外展和内旋的动作，分别两侧做 10 ～ 20 个。

很多孩子的 O 形腿和 X 形腿是因为不正确的走路姿势造成的，比如内八字、外八字，所以我建议除了不要让孩子过早扶站的前提下，可以每天有一定的时间，在爸爸妈妈的引导下，做光脚走路的训练，对预防 O 形腿和 X 形腿也是有帮助的。

♡ 药物预防

对处于生长发育旺盛期的婴幼儿，如果日常食物无法保证足量维生素 D 的摄入，可以用药物来补充。一般建议：1 岁以内每天维生素 D 的摄入量是 400 ～ 500 国际单位，1 岁以上到 3 岁孩子每天维生素 D 的摄入量是 600 ～ 700 国际单位。对于一些特殊需要的儿童，如低体重儿、慢性腹泻患儿、长期口服糖皮质激素药物的孩子，需要在医生指导下进行钙元素的补充。

补钙的方法要科学

很多家长因为担心孩子缺钙，经常会用一些错误的补钙手段，有些是非常不可取的，这里我告诉大家几个常见的**补钙误区**。

一是**喝骨头汤补钙**，这种说法是毫无科学根据的！动物骨中的钙主要是磷酸钙，这种形式的钙是很难溶于水的，即使骨头放在锅中长期炖煮或者在汤里加醋，都不能让骨头汤中的钙含量增加太多，一碗骨头汤大约200克，其中钙含量只有4毫克，如果每天达到800毫克补钙要求的话，就要喝200碗这样的骨头汤，是不是很可笑？

二是**多吃肉补钙**，当然也是错误的！虽然膳食中适量的蛋白质会有助于钙的吸收，但是当膳食中蛋白质过多的时候，钙的吸收率反而降低了，原因是尿排泄钙增加，从而引起钙的缺乏。研究证明，蛋白质摄入每增加50克，钙的排出量就会增加60毫克，所以经常大鱼大肉的膳食习惯容易阻碍钙的吸收，同时摄入过多的脂肪也会阻碍人体对食物中钙的吸收，因此吃肉太多反而会缺钙！

三是**用豆浆或豆制品代替牛奶补钙**，这也是挺常见的一个误区。我们可以进行一个简单的计算，100克的干黄豆含有200毫克左右的钙，如果孩子一天钙的需要量是800毫克，换算为干黄豆的重量就是400克，而如果是鲜奶，只需要400毫升就能满足全天钙需要量的一半以上，所以，孩子能吃得下400克干黄豆，还是400毫升牛奶？

第十六章

从小养成避免含胸驼背头前伸，挺拔体态

不是故事，是真事

作为一名儿科医生，我经常会解决一些"无意中发现的问题"。一天，一个妈妈带着发烧咳嗽的女儿来看病。经过诊断，孩子就是普通的急性上呼吸道感染。开了一些退热药，我又反复叮嘱了生病期间居家休息的注意事项，就让她们离开了。但在孩子转身走出诊室的一瞬间，我叫住了这对母女，问妈妈："你没发现孩子的走路姿势不好看吗？"

"啊，我没太注意！"我对妈妈说："孩子走路时头向前探，背部向上向前耸，看上去都驼背了！你跟我说一下，孩子平常坐着写字，吃饭是什么样的姿势？"妈妈仔细回忆了一下对我说，女儿好像从幼儿园大班开始练习书写后，就习惯趴在桌子上写字，吃饭的时候

"头都要碰到碗了"。现在她上小学二年级了，反复提醒也不奏效。而且妈妈最近发现女儿看书的时候，会把书拿得离眼睛很近。

我问妈妈："她会对你说眼睛不舒服吗？"

妈妈说："她跟我说过眼睛累。"

我当即决定对这个小女生进行全面的视力检查，结果不出所料，孩子存在一定程度的弱视，需要进一步进行眼科检查，必要的时候要进行视力矫正。我对妈妈说，孩子的视力问题应该和先天遗传以及后天的发育有关，由于看不清，导致她写字、读书和吃饭的时候不得不采取把头前伸、身体前探的动作，这样的错误姿势一旦长期存在，就会影响到颈背部骨骼肌肉的发育，出现含胸驼背、探头耸肩的不良体态，当务之急是进行视力矫正，同时必须随时提醒孩子保持正确的坐立行走姿势，家里人也可以在日常对她进行针对性的训练，目前的不良体态是完全可以纠正的。

有句话说得好"体态好，才能谈气质"，良好的体态会让人看起来更有气质、更有自信，也更有利于身体健康。所以让孩子从小养成一个良好的体态也是爸爸妈妈们的希望，如果没有一个好的体态，无论如何穿衣打扮都没有办法改善人整体的气质。

人体最理想的体态应该是这样的：从侧面看，如果从头顶上方拉一条垂直于地面的线，那么这条线应该依次通过耳垂、肩膀的顶端、躯干的中间还有股骨、膝关节的中心到达踝关节的中点，这样的体态才是一个理想的状态。

我们经常会看到有一些不良体态的表现，包括探颈、圆肩、驼背、脊柱侧突、骨盆后倾或者前倾。本章将从这几种不良体态的表现开始，讲解其形成原因，以及如何从小帮助孩子养成良好的坐姿、站姿和优雅的步态。

不良体态的分类和成因

♡ 探颈

探颈是很多人都存在的体态问题，尤其在自然放松状态下，接近 60% 的人都有探颈问题。

正常的颈椎生理弯曲有增强颈椎弹性，保证正常功能的作用。一旦因为某些原因使生理弯曲改变，就会导致颈椎的稳定性变差，同时使颈椎更易受伤并诱发颈椎病变。

如果颈部的生理弯曲大于 5 厘米即可认为是探颈。也可以通过简单的目测方式来判断，拍一张侧位照片，坐姿和站姿均可，下巴尽力上扬时如果表现为颈部前探，就极有可能是探颈了。

探颈形成的主要原因是长期坐姿不正引起肌肉群力量发展不均衡，身体前侧的胸部肌群处于持续紧张状态，后背相应的肌群则得不到有效锻炼，常见于低头族或长时间伏案者。比如孩子低头写作业太多，在这过程中由于要看清楚作业本上的字，孩子要总是向前看，长此以往就形成了不良体态。

探颈

♡ 圆肩

圆肩也叫含胸，是指双肩向前弯曲向内扣，胸部内缩，肩部形成一个半圆弧形。

正常的体态表现是从头顶向下看肩部应呈一条直线，但是圆肩表现为肩部不能彻底打开，同时活动范围也变小。这种状态让人看上去身体松松垮垮，很没有精神。

导致圆肩的原因常为不良生活习惯，比如长期低头，缩着脖子看书或写字；有些青春期的女孩子因为害羞一直缩肩含胸，久而久之就会导致胸部的胸大肌变短，弹性差，拉动肩膀

圆肩

朝内侧挤压，而背部的肌肉刚好相反，变得很长，无法拉动肩胛骨朝脊椎方向收缩，形成肩膀前耸，肩头部分点向前突的不良体态。

♡ 驼背

驼背顾名思义就是背部不够挺拔，背部看上去外突，整个人看起来有气无力的样子，无形中还似乎"矮了五厘米"。

正常情况下人的脊柱有一个良好的生理弯曲，让我们的身姿笔直、体态良好，由于长期不正确的姿势，导致脊柱失去了正常的生理弯曲，附近的肌群肌力发育不平衡，出现异常体

驼背

态，形成驼背。常见于小孩子习惯低头玩玩具或错误姿势写字看书，如果不及时纠正并充分锻炼，慢慢地就会出现驼背。

▷ 骨盆前倾或后倾

骨盆前倾或后倾表现为孩子站立的时候从侧面看骨盆向前或者向后，没有跟肩部和膝关节在一条直线上，非常影响身材的美观。

可以通过简单的方法来判断，让孩子背靠墙站直，上背部和臀部紧贴墙壁，正常的表现是下背部能放入一掌，如果能放入一拳，就很有可能是骨盆前倾，如果一掌都放不进去，那就是骨盆后倾了。

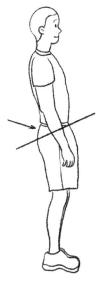

| 正常 | 骨盆前倾 | 骨盆后倾 |

骨盆前倾或后倾的原因是局部的肌肉没有得到很好的锻炼而导致力量不均衡。很多骨盆后倾还伴随着内八字等异常步态，并使膝关节承重过多，影响膝关节的活动和正常发育，严重的骨盆后倾还会影响骨盆内脏器的发育。

♡ 脊柱侧突

脊柱侧突表现为肩膀高低不平、斜肩。

轻度的脊柱侧突通常从外观上看很难被发现，一旦出现明显的外观异常，从正面看有双肩不等高或后面看后背左右不平等情况，可能就比较严重了。重度的脊柱侧突会影响孩子的生长发育，因此，一定要早发现早治疗，防止畸形发展严重。

如果家长或老师在日常发现孩子有双肩高低不平，肩胛骨一高一低，一侧胸部出现与对侧不对称的皱褶皮纹时，就要注意了。可以通过简单的检查方法，来进一步判断，这个方法叫"弯腰试验"：

让孩子脱去上衣和鞋子，双脚站在平地上，做立正的姿势，然后双手掌对合，放到双膝之间，慢慢弯腰，检查者坐在孩子的正前方或正后方，双目平视，观察孩子双侧背部是否等高，如果发现一侧高于另一侧，即为阳性。如果弯腰试验阳性，应到骨科及时就诊，进行针对性矫正治疗。

脊柱侧突的原因有很多，可以分为先天性和后天性，脊柱发育异常导致的脊柱侧弯是先天性的，后天因素主要是错误的姿势和不良习惯导致的肌肉力量不平衡。

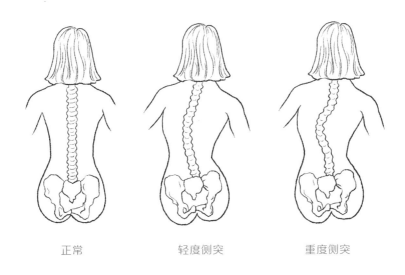

| 正常 | 轻度侧突 | 重度侧突 |

不良体态的预防

不良体态不仅仅影响孩子的"颜值"，还存在不少的健康隐患。比如严重的脊柱侧突会影响胸腔运动，挤压肺部；骨盆前倾或后倾都会导致盆腔脏器发育受到影响等。

由于体态的形成与坐立行走的习惯姿势密切相关，所以必须从婴幼儿期开始，从保证营养、运动锻炼、纠正不良姿势以及异常问题矫正这几个方面来养成可以受益终生的挺拔体态。

♡ 营养均衡

首先是营养保证，我们在前面的章节中反复强调了营养是健康发育的基础，也是为孩子打造良好颜值的基础。养成挺拔的体态更离不开营养均衡，特别是一些与骨骼肌肉和神经运动发育密切相关营养素的摄入，包括蛋白质、钙、磷、铁、锌元素、维生素 D 和 B 族维生素。一个长期营养不良的孩子不会有良好的骨骼肌肉发育以及协调的运动能力去支撑挺拔的体态。

♡ 运动锻炼

不同年龄段的孩子，运动水平发育明显不同，同时还存在个体差异，因此应按照其自身能力来安排必要的运动，以达到促进肌肉骨骼健康发育的目的。

1 岁以内的爬行，包括手膝协调爬和手脚协调爬，是很好的一个训练方法；1 岁以后，单脚交替跳，上下楼梯，蹲起训练；3 岁以后，双脚跳、跳绳、扔球、扩胸、攀爬等动作，都会对孩子养成良好体态有很大帮助。

当然建议要保证每天至少 1 小时的户外运动，在锻炼的同时接受阳光照射。

♡ 纠正不良姿势

在宝宝的成长过程中，有很多不良姿势会对体态造成严重影响。

首先是长时间低头。建议 1 岁以内的孩子持续低头玩玩具的时间不要超过 10 分钟，2 岁不超过 20 分钟，3 岁以及 3 岁以上最好控制在半小时内，超过这个时间范围后就应该让孩子站起来或坐起来。

小宝宝可以用移动的物体吸引，大孩子可以模仿大人的动作，做一做转动头颈部，抬头低头然后左右转头的动作，避免头部长时间前探。当孩子低头玩玩具和看书，或伏在桌子上写字时一旦发现姿势不正确一定要及时提醒。让孩子保持三个"一"：即胸和桌子距离一拳，眼和书本距离一尺，手和笔尖距离一寸，做好了三个"一"，就可以有效预防含胸驼背。

其次是**长时间上半身前倾**。无论是玩玩具、看绘本还是翻书写字，都要避免上半身向前倾，这样很容易形成圆肩和驼背。

第三是**长时间用一侧肩膀背书包或用一侧手拎重东西**。这样的习惯动作不仅会造成两侧局部肌肉群力量发育不平衡，还会影响脊柱发育，形成脊柱侧突，肩膀高低不平。

第四是**过早进行不适合孩子的运动或采取不适宜的姿势**。最常见的是让孩子太早坐腰凳、练坐和练习走路。如果过早地让孩子直立独坐或行走，此时骨盆控制不稳定，下肢骨骼肌肉力量发育不完善，很容易干扰到脊柱、骨盆和下肢骨骼肌肉的发育，极易出现不良体态。当孩子头竖立很稳时再开始使用腰凳，6个月以后尝试独坐并不宜长时间练习。当孩子手膝协调或手脚协调爬行至少2个月以后，再开始进行扶站和扶走训练。正确的方法是用玩具吸引孩子的注意力，让他自己尝试松开手掌握平衡并移动身体，而不要给予过度的帮助如牵手或扶走，以免影响其自主行走能力的训练。

异常问题矫正

当发现孩子出现了异常情况一定要及时就医，确诊后进行积极治疗，才能避免严重后遗症。

例如严重的佝偻病后遗症期会出现的骨骼发育异常，包括鸡胸、漏斗胸、肋骨外翻、X形腿和O形腿都会严重影响体态，一定要在早期出现异常信号时予以及时治疗。夜惊哭闹、枕秃、方颅、囟门闭合延迟等，一旦出现就应及时排查是否为佝偻病早期表现。

严重的骨骼畸形还要经专业评估决定是否需要手术治疗，包括难以经药物治疗恢复的鸡胸和漏斗胸、严重的脊柱侧突等。常见的非手术治疗方法包括理疗、体操疗法、石膏、支具等。如果得不到有效的改善，就应该进行手术治疗，手术的目的就是防止畸形的发展，恢复脊柱的平衡，尽可能地矫正畸形，同时也可以防止神经的损害，预防疾病进一步加重。

在这里给大家分享几个适合1岁以上孩子的体态训练方法：

第一个是靠墙站立，当孩子站立很稳的时候就可以开始了。方法是光脚站在地上贴墙站立，小屁股和肩膀紧贴墙壁，根据孩子的接受程度，每次1～3分钟，每天可以练习3～5次。

第二个是扩胸运动，让孩子站立在水平地面上，上肢依次做侧举、前伸、上举、放下，每次做8个八拍，每日2～3次。

第三个是双手拍球游戏，让孩子左右手交替拍球，游戏时间长短可以灵活掌握，关键要点是一定要双手交替，不要只用单手拍球。

在游戏和训练过程中，建议爸爸妈妈一定要和孩子一起进行，还要不断地对孩子进行鼓励和表扬，能够更好地激发孩子运动的兴趣，达到良好的效果。

后记

写给家长的话

在此，我想对前面的内容做一个总结。健康、聪明、漂亮是每位父母对孩子的美好期望，而养成高颜值宝宝并不是一件很难的事情，但漂亮一定要建立在身体健康的基础上才有意义。那么，要想宝宝漂亮又健康，家长要做好哪些事呢？

♡ 孕期守则

生命最初的 1000 天奠定了人一生健康的基础，而这 1000 天中近 30% 的时间是母亲的妊娠期。因此，这期间准妈妈的均衡营养、合理运动和规范产检就很重要，目的是确保胎儿正常发育，最大限度地减低分娩困难和风险，并预防先天性疾病的发生。

♡ 营养均衡

按照《中国妇幼人群膳食指南（2016）》对准妈妈在孕期的建议：

整个孕期应每日口服叶酸补充剂 400 微克，并摄入绿叶蔬菜；孕中晚期应每日增加 20 ～ 50 克红肉；每周吃 1 ～ 2 次动物内脏或动物血以保证铁元素摄入；除每日食用碘盐外，还应常吃海产食物，如海带、紫菜等；每天必需摄取至少 130 克碳水化合物，首选易消化的谷类食物；孕中晚期每天增加瘦肉和蛋奶鱼的摄入 150 ～ 250 克，孕中晚期奶类及其制品总摄入量应达到每天 300 ～ 500 克。

从热卡增加的角度，一般建议孕妇在怀孕的前 3 个月时间里不需要增加额外的热量，摄取和平常一样的量即可，到了孕 4 ～ 9 个月，每天膳食增加 300 卡的热量即可。

♡ 合理运动

健康的孕妇建议每天进行不少于 30 分钟的中等强度运动。如怀孕早期（16 周以前）每天散步和做广播体操一小时；怀孕中期（17 ～ 28 周）可以进行每周两到三次的游泳、慢跑和孕妇瑜伽；怀孕后期（28 周以后），每天做做伸展运动。

坚持运动的目的是使准妈妈的体质有一个适度的增强，避免增重过快或不足。这对胎儿健康成长和妈妈顺利分娩都是非常重要的。

♡ 规律产检

准妈妈们一定要注意定期进行规范的产前检查，避免婴儿出生缺陷。同时对妊娠期感染和糖尿病、甲状腺功能异常、高血压等并发症进行积极处理，防止其对妊娠结局的不良影响，例如巨大儿、早产儿、低出生体重儿、染色体异常和其他先天综合征等。

宝宝须知

孩子出生以后，在婴幼儿期也有注意事项：

♡ 营养均衡

婴幼儿期的营养摄入是维持孩子健康发育的关键。

孩子 0～6 个月优先纯母乳喂养，6 个月至 2 岁逐渐完成固体辅食的添加。尽管两岁以后不需要为孩子单独制备食物，但孩子的饮食结构应符合《中国学龄前儿童膳食指南》的建议，保证营养的均衡摄入。

其中应特别注意几个关键营养素对孩子发育的作用，如蛋白质、钙、铁、锌、维生素 D、B 族维生素、维生素 C 等。这些营养素不仅能保证孩子的身体健康，同时对骨骼肌肉发育、皮肤毛发发育都起着非常大的作用。

因此建议，除为孩子提供每日 350～500 克的奶（或奶制品）外，还要保证每日主食中有一定量的粗粮谷物，不少于主食量的蔬菜水果，以及瘦肉、鸡蛋和海产品等优质蛋白质的摄入，每周两次动物肝脏，每周三次鱼虾类海产品。

♡ 睡眠充足

充足和高质量的睡眠有利于生长激素的分泌。

关于睡眠时长的建议是：0～3 个月 14～17 小时，4～12 个月 12 ～ 15 小时，1 ～ 2 岁 11 ～ 14 小时，学龄前儿童（3 ～ 5 岁）10 ～ 13 小时，学龄儿童（6 ～ 13 岁）9 ～ 11 小时，青少年（14 ～ 17 岁）8 ～ 10 小时，当然，还要结合孩子的个体发育情况。

要让孩子在 22: 00 前入睡，以保证在凌晨前后孩子处于深睡眠状态，因为此时是生长激素分泌最旺盛的时间段，所以说："孩子睡得好才能长得好"。

♡ 户外运动

必须根据孩子自身的发育情况让孩子进行有规律的户外活动和体育锻炼，可以每天安排 1 ～ 2 小时的户外运动和翻爬跑跳等大运动锻炼，以促进孩子肌肉骨骼的正常发育。

♡ 定期体检及时发现疾病

在发育过程中，很多疾病引起的局部或全身不可逆的身体损伤会影响孩子的容貌和体态，因此，应定期为孩子进行体格检查，发现问题及时干预。

如能量和蛋白质摄入不足或吸收不良引起的瘦小，营养不均衡导致的肥胖；维生素 D 缺乏引起的佝偻病，铁元素缺乏导致的贫血，锌元素缺乏导致的挑食偏食、毛发枯黄、发育落后等；反复的湿疹皮炎会使皮肤的健康发育受到影响；一些常见的疾病，比如慢性鼻炎、鼻窦炎、腺样体肥大、牙齿牙周疾病引起的错颌畸形等，都需要在早期发现，并及时矫正和治疗。这些问题，不仅仅是影响容貌，严重的会危害孩子的身体健康。

♡ 避免错误养育方法

为了让宝宝"更漂亮",很多家长会采取一些"非常手段",比如捏鼻梁、剃光头、剪睫毛、捆绑腿、挤乳头、戴手套等,这些错误的做法不仅对改善颜值毫无益处,同时还存在着巨大的安全隐患,一定要杜绝。

在日常养育过程中,还应避免一些错误的方法对孩子的外貌产生不良影响,例如,不当的喂奶姿势、不良的进食行为、过度清洗皮肤以及过早地使用电子产品等。

每个家庭都应重视对孩子良好生活习惯的培养,比如,如何正确地刷牙,如何咀嚼、磨碎食物,如何清理鼻腔和擤鼻涕,注意用眼卫生。随时提醒孩子改正不正确的坐姿和站姿,训练并让其形成正确的跑跳行走步态。

另外,要及时发现孩子的一些异常行为,如啃指甲、咬硬物、耸肩、皱鼻等,这样的行为,不仅对颜值有着极大的影响,同时还是焦虑紧张等不良心理状态的体现,长此以往,极有可能导致发育异常。因此,一旦发现,家长应采取积极的干预手段,如用玩具吸引、互动游戏、户外运动、体育锻炼等方法,以达到纠正的目的。

♡ 学习一些有效的实际操作方法

我在本书的很多章节中,都讲到了对提升宝宝颜值有帮助的实际操作方法,我想家长们读下来会发现,任何一种手段都必须建立在促进孩子健康发育的基础上。我们所说的每一种方法,在让宝宝越来越漂亮的同时，更重要的是对其身心健康发育有着积极的作用。

我讲到了各个年龄段头颈部和四肢运动的训练方法；鼻泪道阻塞的按摩手法；婴儿出生后正确的哺乳姿势；婴幼儿期如何合理膳食；错颌畸形的预防方法；双侧颜面不对称的预防；耳郭异常的矫正措施；如何通过饮食和运动促进身高发育，以及脊柱侧弯、含胸驼背的纠正等。这些方法都可以应用在日常对孩子的养育中，在促进其健康成长的同时，也起到了提升颜值的作用。

最后，我想对家长们说："在生命最初的 1000 天里，要注意均衡营养、合理运动、充足睡眠、防治疾病，为孩子终身的健康与颜值打下基础。"

李瑛

2023 年 3 月